只看一眼　就能理解問題的用意
只看一眼　就會湧現解題的動力
——這就是本書的目標。

第**1**題

請問總共有幾個螺帽？

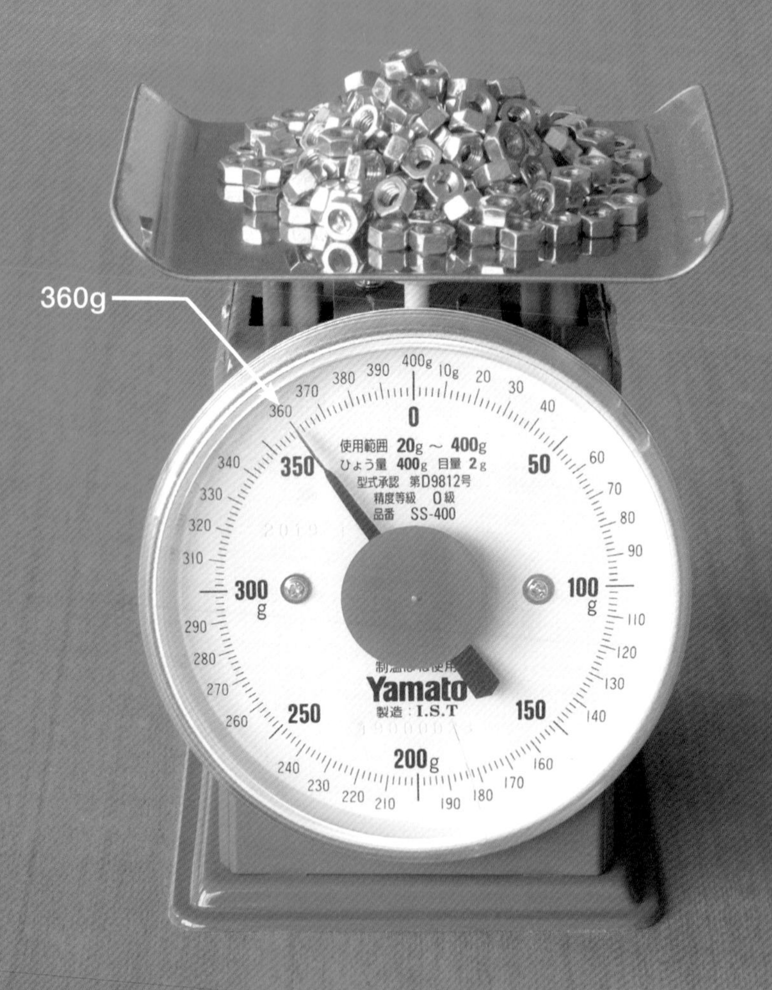

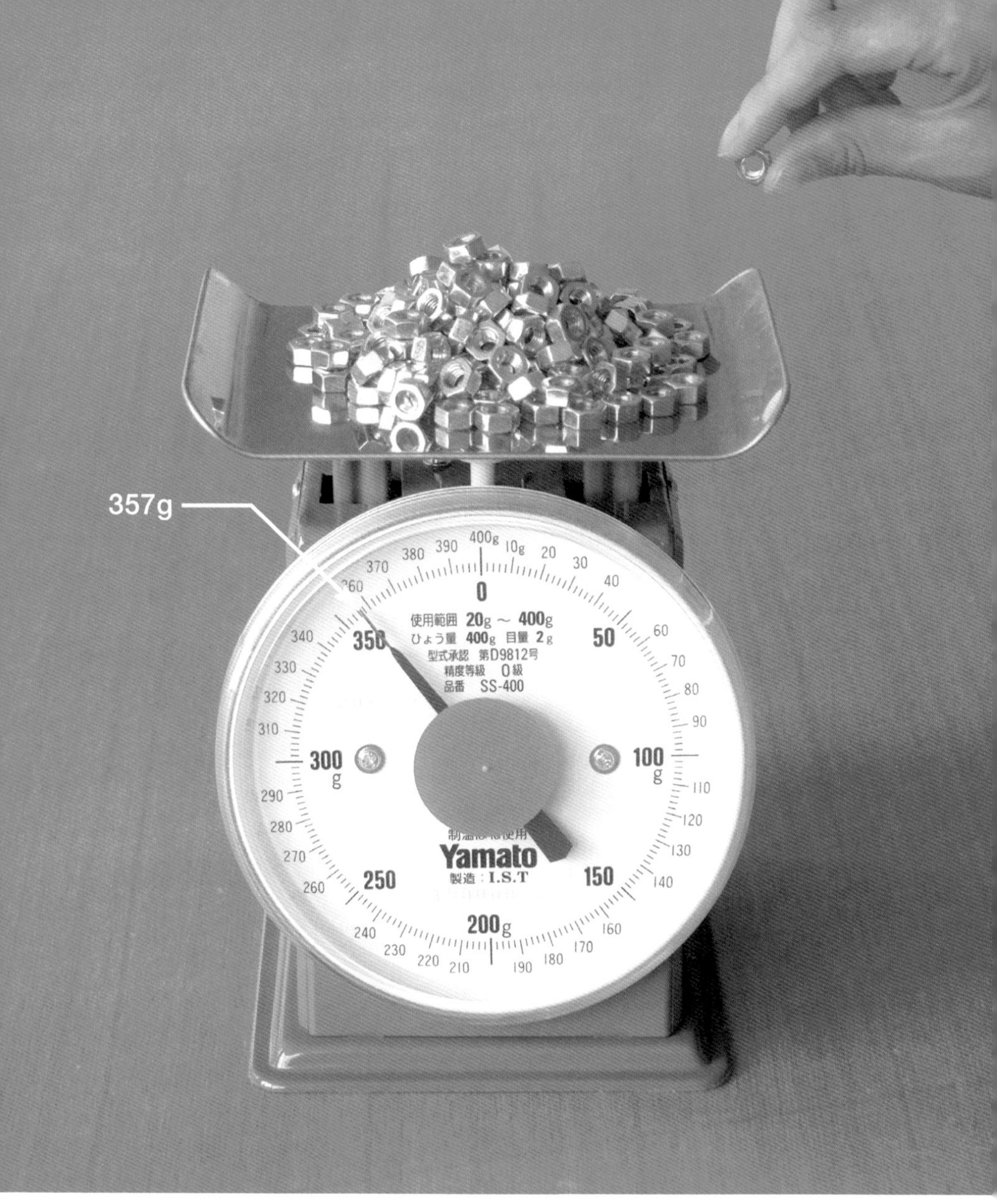

請仔細思考後，
再翻到下一頁看解答。

思考邏輯

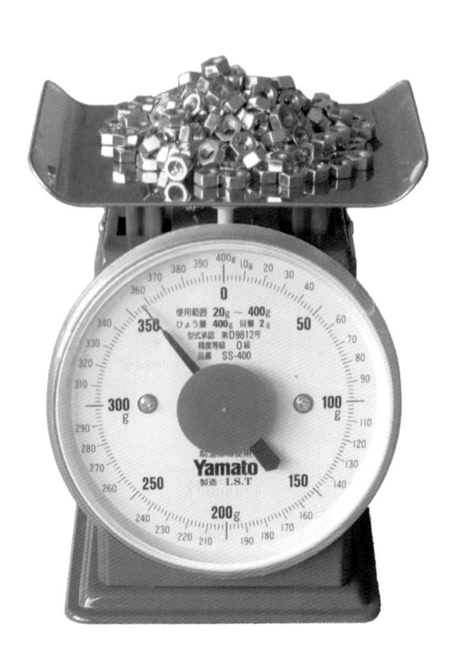
0
50
100
g
150
200g
250
300
g
350
使用範囲 20g ～ 400g
ひょう量 400g 目量 2g
型式承認 第D9812号
精度等級 0級
品番 SS-400
Yamato
製造：I.S.T

360g

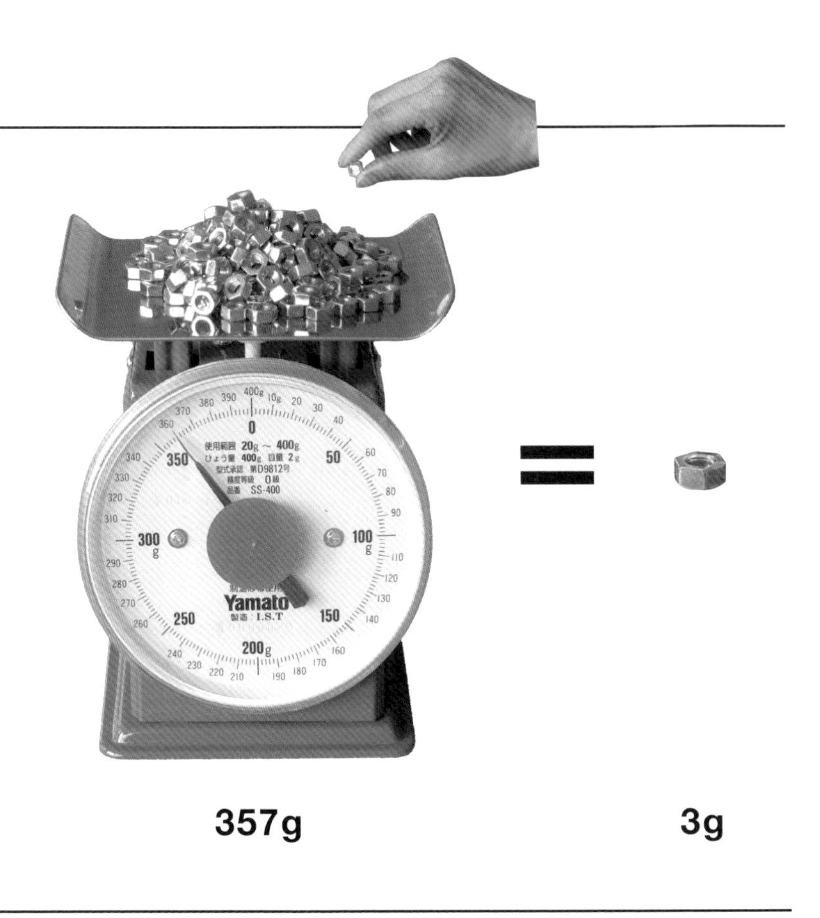

將原本的重量360g
除以1個螺帽的重量3g，
即可得到螺帽的數量。

360g ÷ 3g ＝ 120

答案：**120**個

第2題

這裡有3片正方形的巧克力，
每一片的厚度都相同。
假設你可以拿走1片大巧克力，
或是2片小巧克力——

請問你要怎麼拿才最划算呢？

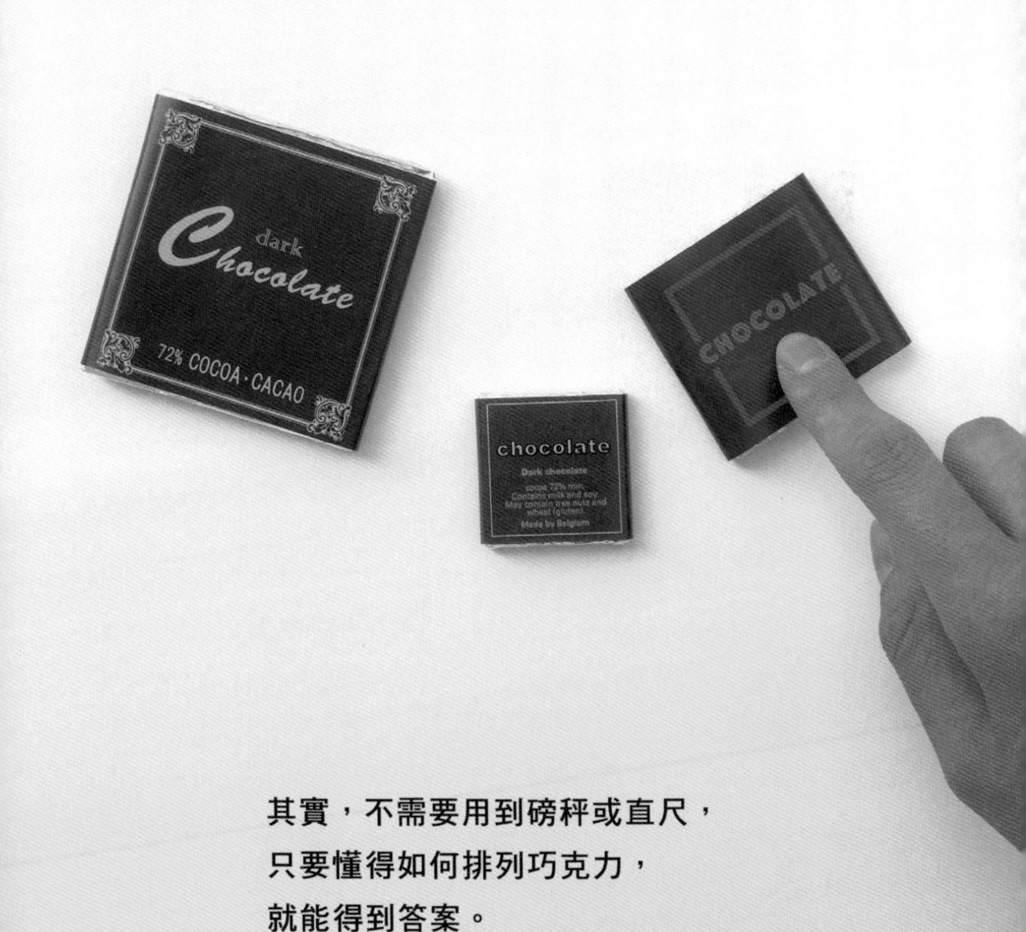

其實，不需要用到磅秤或直尺，
只要懂得如何排列巧克力，
就能得到答案。

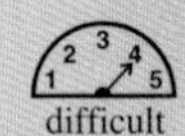

思考邏輯

運用畢氏定理

假如大片巧克力的面積與兩片小巧克力相加後的面積相同，
我們便可以得到以下這個圖形。

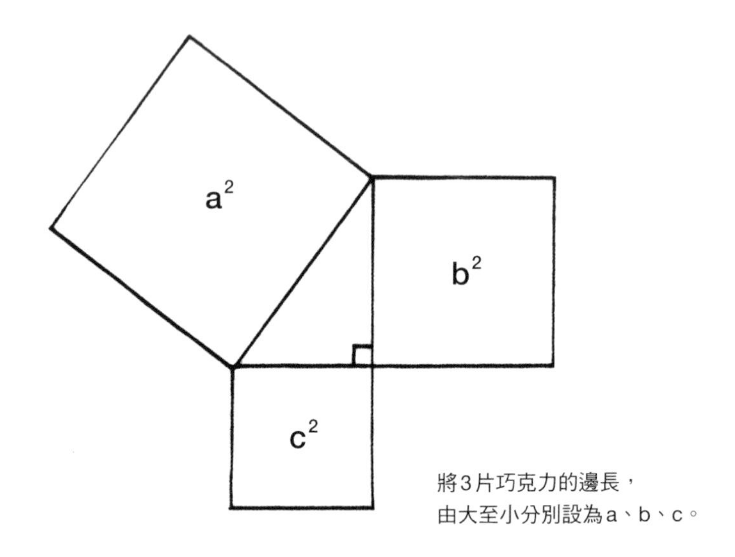

將3片巧克力的邊長，
由大至小分別設為a、b、c。

為什麼會得出這個圖形呢？
答案是根據畢氏定理
$$a^2 = b^2 + c^2$$

實際將3片巧克力的邊長
排成一個直角三角形後發現——

由此可見，
選擇大片巧克力比較划算。

答案：**1片大巧克力**

第3題

這裡是一處碼頭。
有兩艘船舶的繩索繫在同一根繫船柱上。
假如在不能解開右邊船隻繩索的情況下，
左邊的船該怎麼做才能夠先出航呢？

思考邏輯

先在腦中模擬解法

這是繫在同一根繫船柱上的兩條繩索。

試做一個模型，
實際模擬繩索的移動方式。

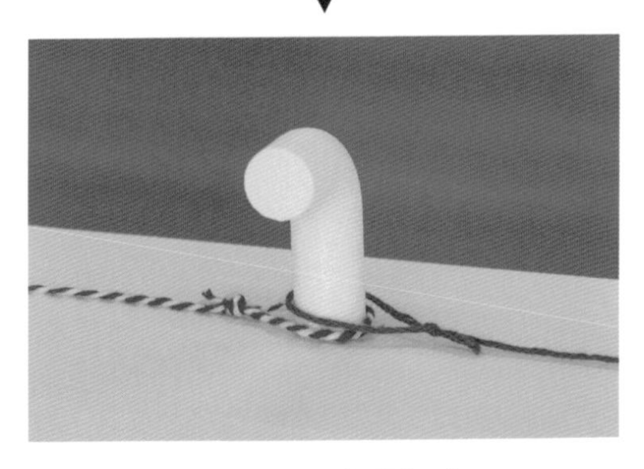

用這個來嘗試移動繩索吧。

先這樣，

再這樣，

然後是這樣，

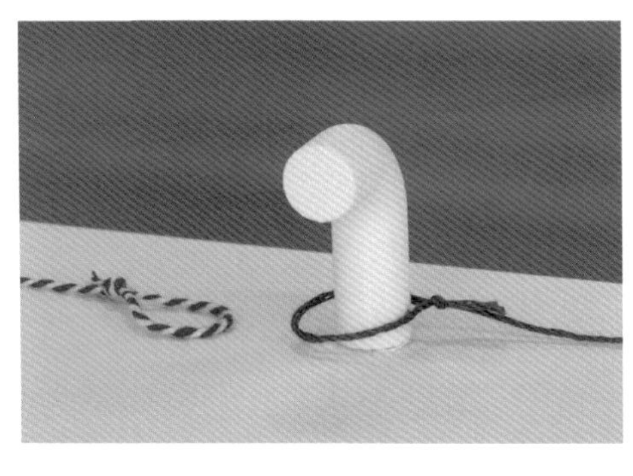

成功。

就算不解開右邊的繩子
也能順利鬆開繩索。

請看著左頁的碼頭照片，
一邊在腦中模擬如何解開
繩索，你一定也能成功！

解きたくなる数学

忍不住想解的數學題

佐藤雅彥　大島遼　廣瀨隼也

目次

難易度標示

一看就懂

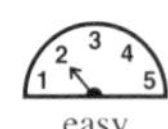

想一下就會懂

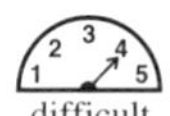

想30分鐘才懂

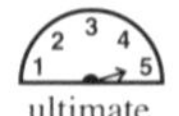

可能要想1小時

解得開很厲害！

各問題都會標上難易度，
可以在解題之前先參考。

第 1 章

不要被題目嚇到，其實它們都是相同大小

相同面積

第4題　公車的窗戶

第5題　媽媽的起司切法

公車的窗戶開了一道小縫。
試求開啟的S部分面積。

假設窗戶高度為80cm，敞開寬度為7cm。

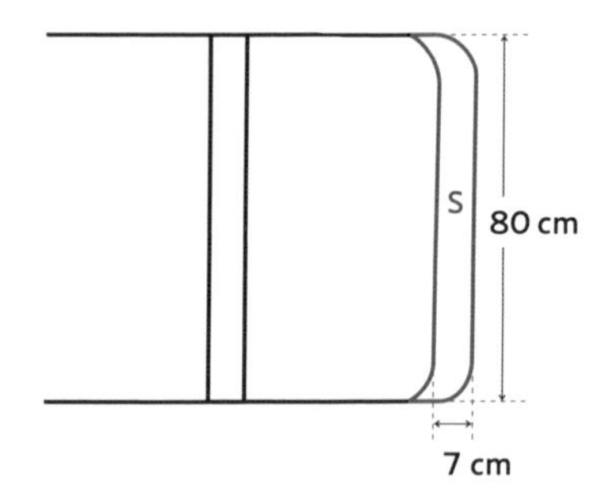

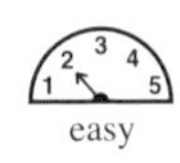

easy

思考邏輯

欲求的面積
其實也出現在其他地方。

窗戶打開後會出現空間S，
同時，兩片窗戶重疊的地方也會出現空間S′。

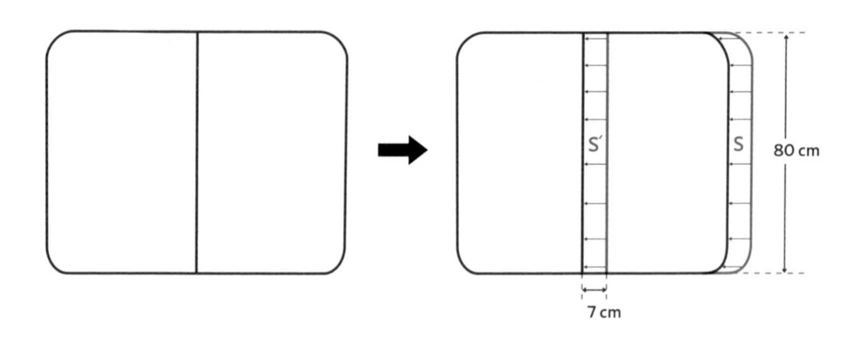

由於窗戶開啟的S區域面積，
與窗戶玻璃重疊的S′面積相等，
可簡單求得答案為560cm^2。

答案：560cm^2

S′
S

第5題

媽媽的起司切法

佐藤家的家庭成員有爸爸、媽媽，加上雙胞胎兄弟。
家裡總共有4個人，兄弟倆都是小學四年級生。
媽媽總是很公平，不管什麼東西都會確實平分。
因為如果不這麼做，兄弟倆立刻吵得天翻地覆。

有一天，父親下班後到百貨公司地下街，
買了全家人最喜歡吃的起司回家。

那是一塊厚度約2cm左右的天然起司。
起司從上方來看是一個梯形。
左右兩邊似乎並不等長。

位於松屋銀座百貨公司的
生鮮食品區

媽媽想給兄弟倆同樣的分量，
於是用照片上的方式切成四塊。

下面的大三角形是爸爸的。
上面的小三角形是媽媽的。
兄弟倆分別拿到左右兩邊的三角形。

可是，佐藤兄弟卻堅持
左右兩塊起司的大小不一樣。

請問大家，該怎麼做才能證明
母親的切法是正確的呢？

思考邏輯

先從比較明顯的地方
找出同樣的面積。

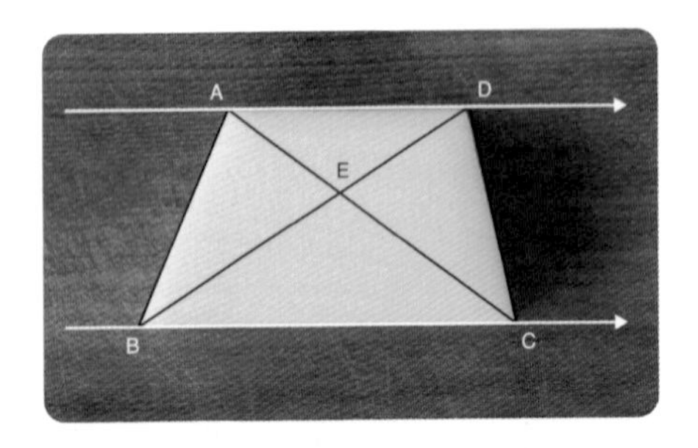

梯形的上下兩邊互相
平行。

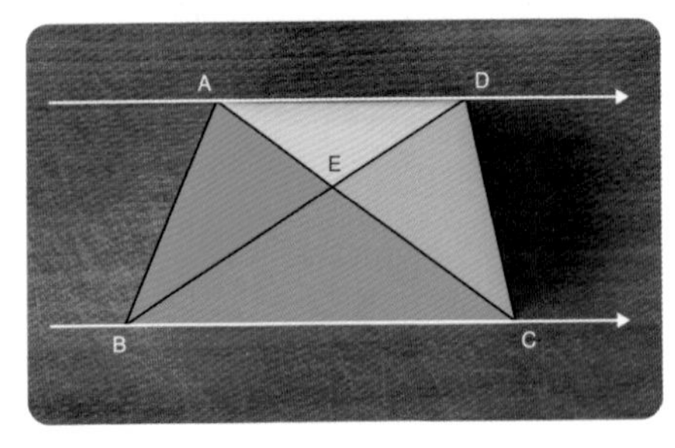

換句話說，
△ABC與△DBC等高，
底邊BC的長度也相同。

由此可知，
兩個三角形的面積相同。

三角形面積＝底×高÷2

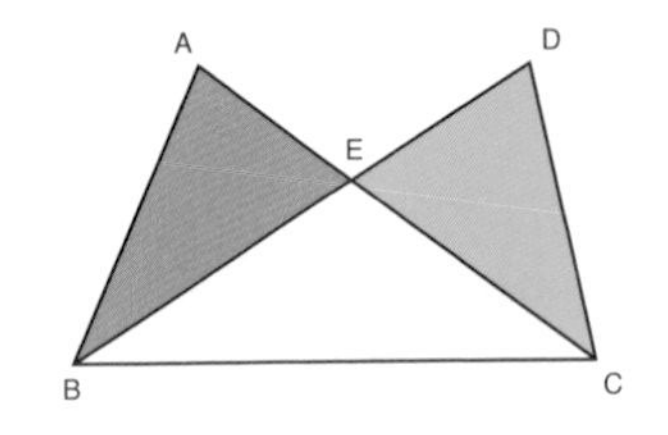

將兩個相同面積的三角形，
同時刪掉重疊的△EBC，
理所當然還是相等的大小。

由此可證，兄弟倆拿到的起司分量相同，
媽媽的切法是正確的。

1886
Whittard

第 2 章

聚焦在不會改變的地方，「真相」就會自然浮現

不變量的問題

第6題　6個孩子與6個框
第7題　黑板上的0與1
第8題　5個紙杯

第6題　6個孩子與6個框

有6位小朋友分別站在6個方框中。

每當老師吹響一次哨子，
小朋友就要往左或往右移動一格。

請問當老師吹響多次哨音後，
一個方框裡有超過4位小朋友
這樣的情況有可能出現嗎？

思考邏輯

將方框分成兩兩相異的不同顏色。

用困難的數學術語來解釋，
就是所謂的「二值化」。

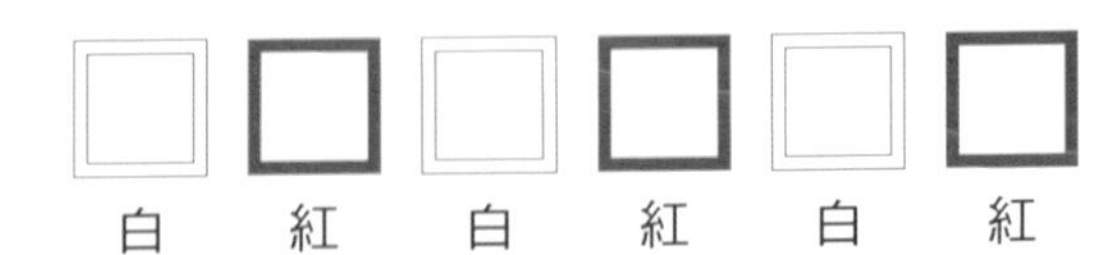

分好顏色後，我們可以看到
有3個人站在白色方框，3個人站在紅色方框。

當老師吹響哨音後，

白色方框的人會到紅色方框。

紅色方框的人會到白色方框。

換句話說，3個人在白色方框、3個人在紅色方框，
這樣的狀態永遠不會改變。

因此，同一個方框裡，不可能出現4個人。

如同上文所說「3人在白色方框，3人在紅色方框」的情況，
無論在移動前或移動後，都不會出現改變，
我們將這種永遠不會改變的數量稱為「不變量」。
只要了解這一點，就能輕易解開這道題目。

Invariant 不變量

教室黑板上寫著6個「0」及5個「1」。

現在開始，每隨機擦掉兩個數字，就要再填上一個新數字。詳細規則如下：

- 如果擦掉的是兩個相同數字，就補上一個「0」。
- 如果擦掉的是兩個不同數字，就補上一個「1」。

重複這個步驟10次之後，
黑板上只會剩下一個數字。
請問大家猜得到是哪個數字嗎？

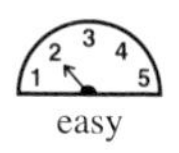

第7題 講解

0 0 0 0 0 0
1 1 1 1 1

思考邏輯

統整所有變化的可能性，
就能從中找出永遠不變的數字。

每經過一次改動，黑板上的數字變化有幾種可能？

Ⓐ 擦掉兩個0，補寫一個0。 → 注意數字的總和，可以發現數字變化為 ±0。

Ⓑ 擦掉兩個1，補寫一個0。 → 數字總和的變化為－2

Ⓒ 各擦掉一個1和0 補寫一個1。 → 數字總和的變化為 ±0

無論任何情況，數字的總和變化都是偶數。

最初黑板上的數字總和為5，是一個奇數。

而奇數不管減掉幾次偶數，
仍然會維持是「奇數」。

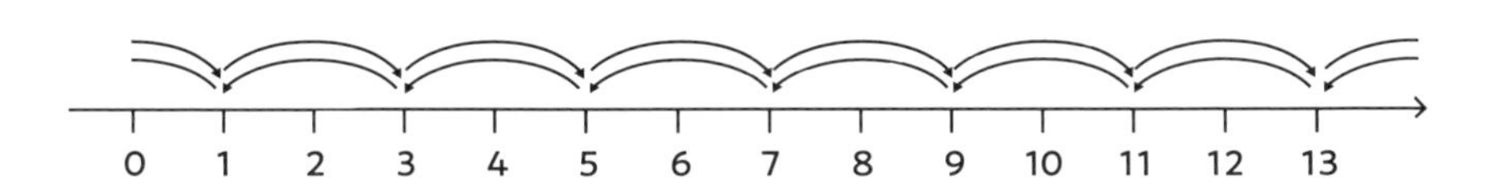

因此，黑板上最後留下的數字也必然是奇數，
換句話說，就是剩下1。

答案：1

黑板上的數字改動後，總和雖然會改變，但依舊可以找到永遠不變之處。

佐藤

是啊，數字總和是奇數還是偶數，這一點是永遠不變的。

大島

第8題
5個紙杯

桌上有5個紙杯，全部都是杯口朝上。

如果每一次都隨機翻轉2個杯子，
請問最後有可能形成
所有杯子都杯口朝下的情形嗎？

第8題　講解

換句話說，就是最初5個杯口朝上的紙杯，
最後有可能變成0個嗎？

思考邏輯

從每次翻轉2個紙杯的變化中，
找出不會改變的地方。

每一次都會同時翻轉2個紙杯，
因此杯口朝上的紙杯數量增減，
只會有以下3種可能性。

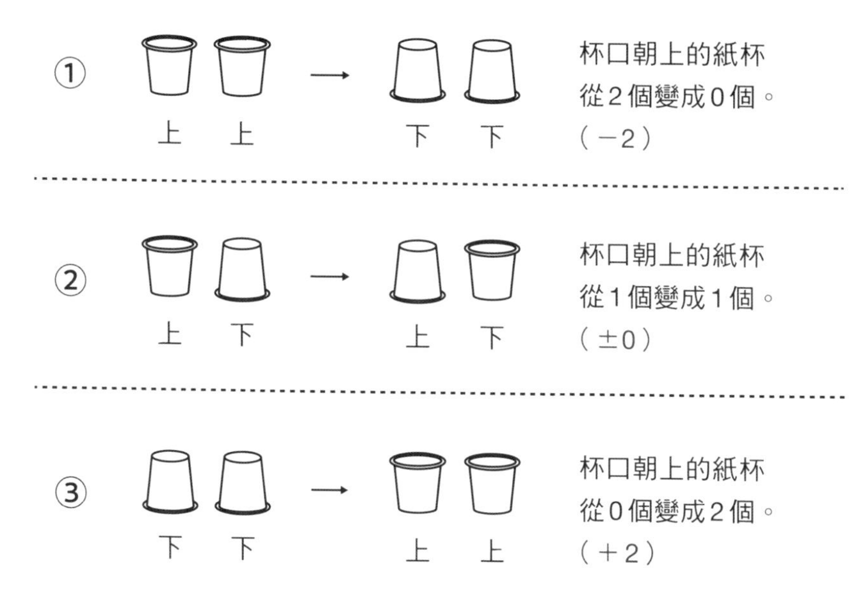

由此可見，不管操作幾次，
杯口朝上的紙杯只會有0個或 ±2個，
也就是說，只會出現偶數的增減變化。

在一開始，杯口朝上的紙杯共5個，數量為奇數，
所以無論翻轉幾次，數量將永遠維持奇數不變。
因此，杯口朝上的紙杯不可能變成偶數的0個。

解題的關鍵，就是以數值來
表現紙杯的杯口方向變化。

廣瀨

答案：**不可能**

第 3 章

當鴿子多於籠子，會發生什麼情況呢？

鴿籠原理

第9題 東京的人口與髮量

請證明居住在東京的人之中，

至少會有一組人的髮絲數量完全相同。

東京都的人口約有1400萬人，
假設每個人的髮絲數量不足14萬根。

思考邏輯

請活用「鴿籠原理」。

不知道的人也不用擔心，
往下看馬上就能學會！

假設我們準備了從0號到139,999號，總共14萬個房間。
接著請居住在東京的1400萬人進入數字與自身髮絲量相等的房間。

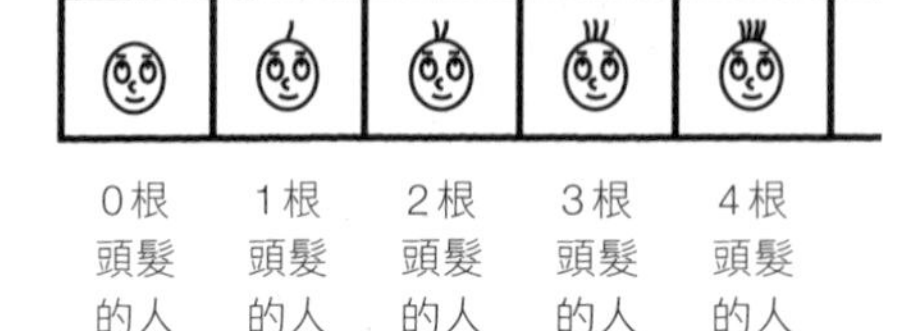

人類的頭髮根數少於14萬根，所以
每個人必定會進入某一個房間。

假如先讓14萬人進入房間時，已有某一間的人數呈現複數，
我們便可在此時得知，有相同髮量的人存在。

如果先讓14萬人進入房間，大家恰巧分別進入不同的房間，
那麼此時便尚未出現擁有相同髮量的人。

不過，當第140,001個人出現，他必定會進入某一間房間，
該房間自然就會變成兩個人。

由此可證，無論如何都會出現髮量相同的人。

何謂鴿籠原理？

當十隻鴿子進入九個籠子時，
必定會有一個籠子裡出現至少兩隻鴿子。

廣義來說，我們可以將鴿籠原理變成以下概念：

當我們要把n個東西放入m個箱子的時候，若$n > m$，那麼必定會有一個箱子裡至少出現兩個東西的情形。只要了解這一點，就能輕易解開這道題目。

The Pigeonhole Principle

第10題　垂直、水平、斜線的數字總和

下面是一個3x3的格子，
請隨意在格子內填入數字1、2、3。
（如右頁所示）

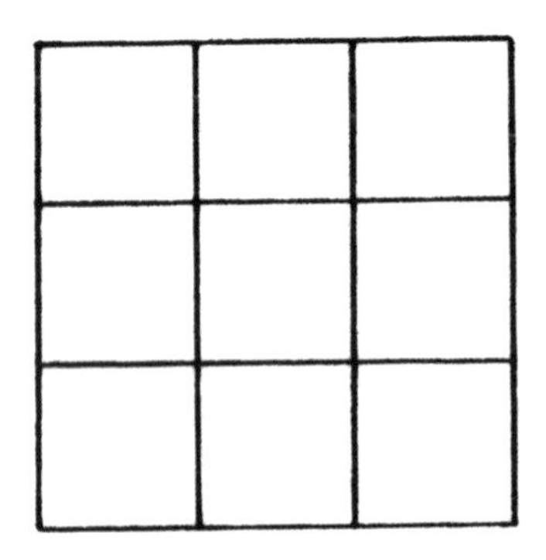

填完後，垂直、水平、斜線排列的
各三個數字總和，
一定會出現某兩個總和相同的結果。

請讀者自行填入數字1、2、3，
證明上述說明為真。

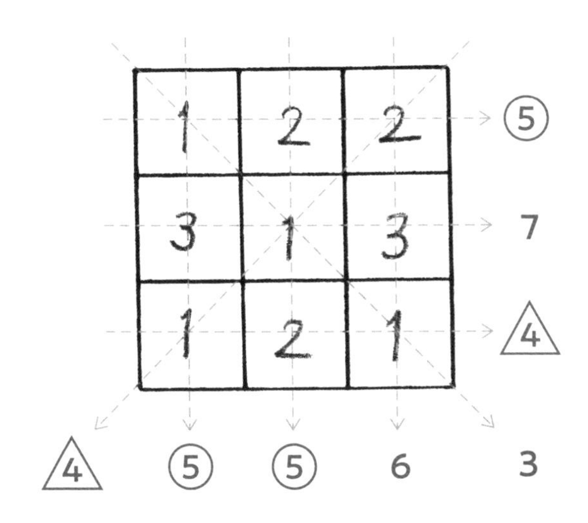

為什麼
會出現這種情況呢？

思考邏輯

請先思考三個數字的總和，會有幾種可能的答案。

先列出所有數字組合。

$1+1+1=3$

$1+1+2=4$

$1+1+3=5$

$1+2+2=5$

$1+2+3=6$

$1+3+3=7$

$2+2+2=6$

$2+2+3=7$

$2+3+3=8$

$3+3+3=9$

仔細觀察後會發現，
數字總和只有3～9的7種可能。

另一方面，
垂直、水平、斜線的排列，
總共會有8列。

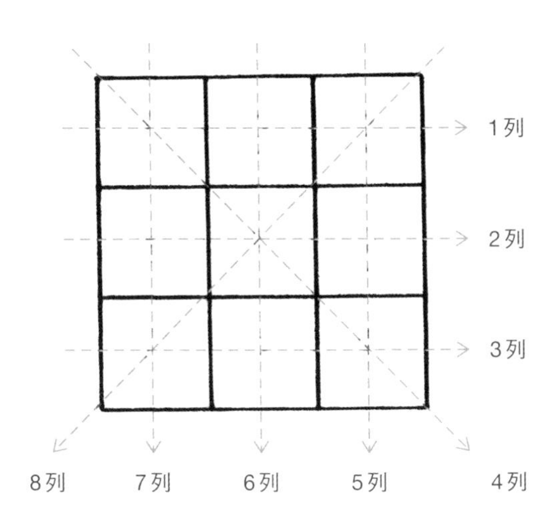

格子總共會排出8列，
而三個數字的總和只有7種答案。

此時我們可以運用鴿籠原理證明，
至少會有兩列出現一樣的數字總和。

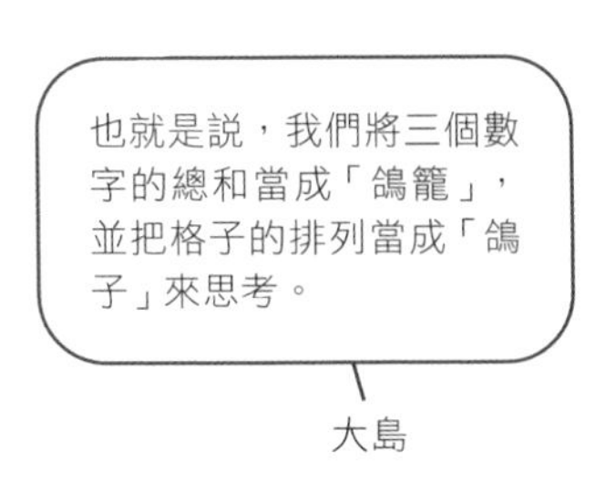

休息一下
O
H
S

第 4 章

將整個世界分成偶數和奇數

奇偶性問題

第11題　7顆黑白棋

第12題　硬幣遊戲

第13題　轉動骰子

第11題　7顆黑白棋

這裡有7顆黑白棋的棋子。
目前有3顆為白色，4顆為黑色。

接下來，
我將會翻6次棋子。

我不知道自己會翻哪一顆棋子，
也有可能重複翻同一顆棋子。

在我翻了6次之後，
棋子的狀態如下一頁所示。

不過，想要惡作劇的我，
壞心地藏起其中一顆棋子。

相信聰明的你，
肯定知道我蓋住的棋子
是什麼顏色吧！

請問這顆棋子
是白色還是黑色呢？

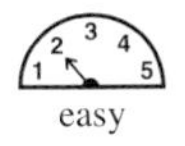

思考邏輯

只需要注意是偶數還是奇數。

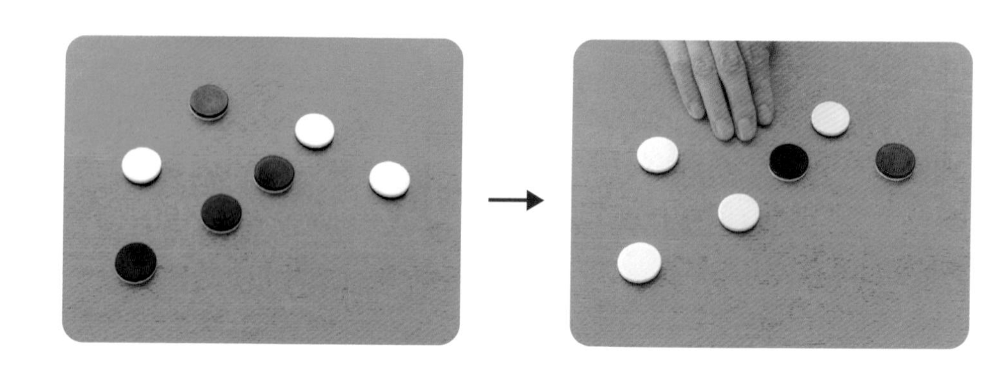

三顆白棋（奇數）
四顆黑棋（偶數）

？顆白棋（？）
？顆黑棋（？）

翻過6次棋子之後，
偶數和奇數會有什麼變化？

無論是翻白棋或黑棋，
都是一方增加一個，另一方減少一個，
因此兩者的偶數與奇數狀態會互相交替。

	最初的狀態	翻第一次	翻第二次	翻第三次	翻第四次	…
白棋數量	奇數	偶數	奇數	偶數	奇數	…
黑棋數量	偶數	奇數	偶數	奇數	偶數	…

由此可知，翻6次棋子之後，
白棋的數量是奇數，黑棋數量則是偶數。

因此，我手中蓋住的棋子是白色。

答案：**白色**

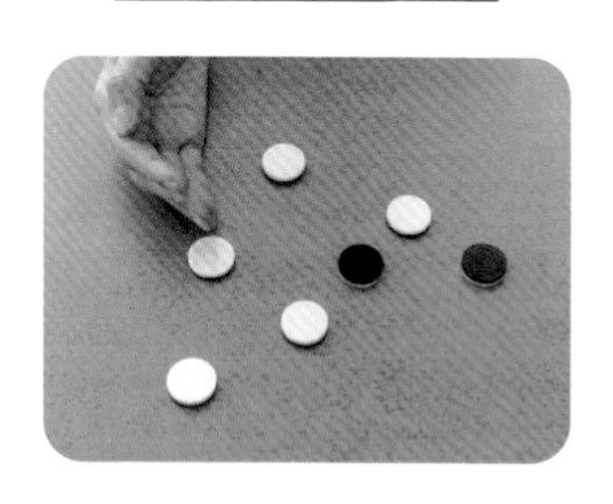

在本題中，重點不在於白棋與黑棋的確切數量，
而是其總數應該是偶數還是奇數。
像這樣討論某一整數是偶數或奇數的問題，
我們稱之為數字的奇偶性。

Parity

第12題　硬幣遊戲

桌上整齊排列著6枚硬幣。

接下來，
我跟你將用這些硬幣玩一場遊戲。

我們兩人將輪流各取一個硬幣。
不過，每次只能從最右邊或最左邊拿取。

當我們依序取走桌上的所有硬幣之後，
手上總計金額較多的人便能獲勝。

現在我們開始玩遊戲吧。
我先拿走一個硬幣，
接下來請翻到下一頁。

我拿走這個金額最小的硬幣。

如何，是不是很意外？
你可能會懷疑我在打什麼算盤，有種不好的預感，
但暫且別管這些，先繼續玩吧。

接下來你會拿走100圓硬幣嗎？
還是要拿5圓硬幣呢？

我想也是，
當然會選100圓囉。

拿走100圓

咦？你選擇拿走5圓嗎？
真是不可思議。
那我要拿……

拿走5圓

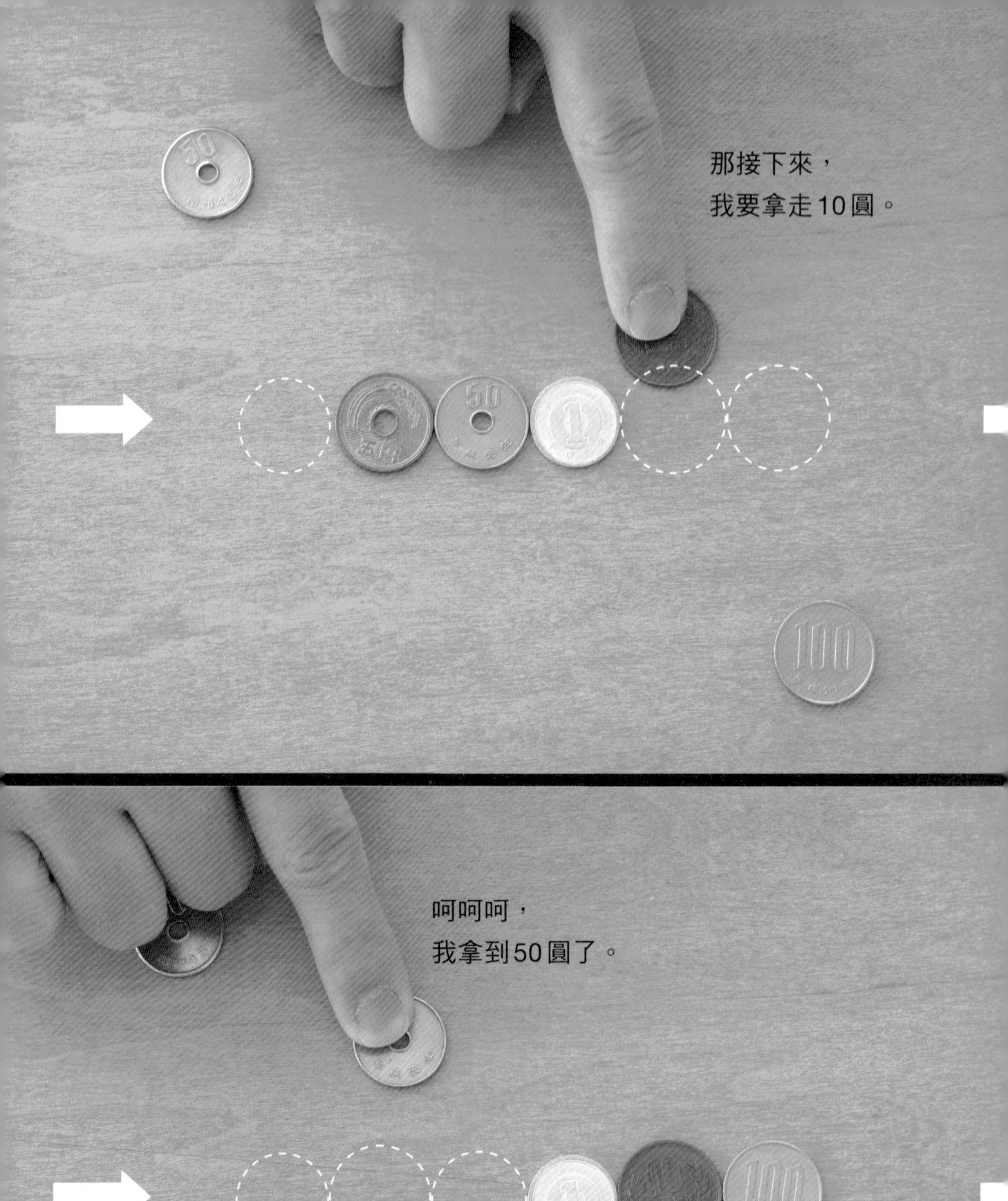

那接下來，
我要拿走10圓。

呵呵呵，
我拿到50圓了。

好了，輪到你囉。
你要拿5圓嗎？
還是要拿1圓呢？

5圓

1圓

好了，輪到你囉。
你要拿100圓嗎？
還是要拿1圓呢？

100圓

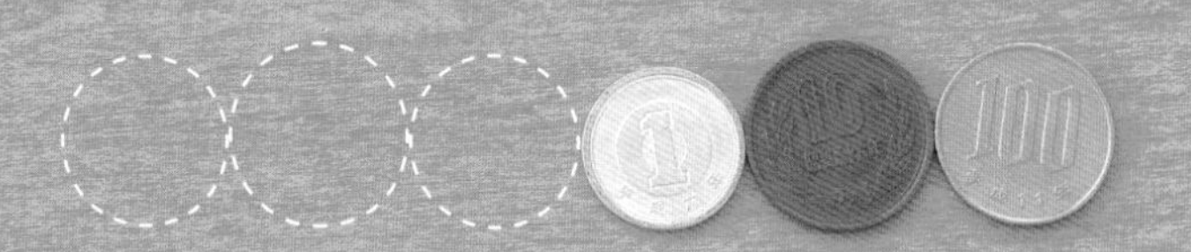

1圓

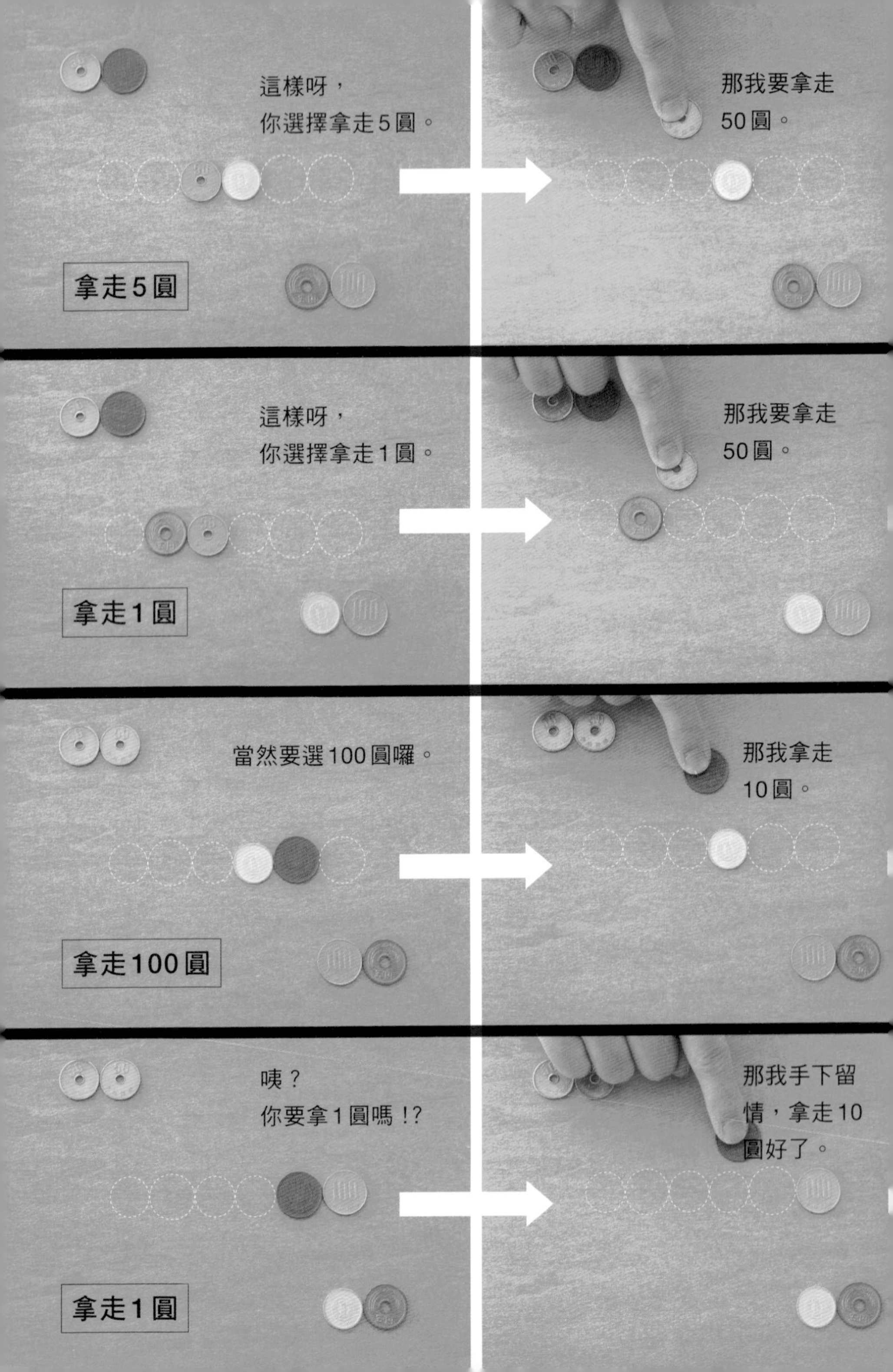
這樣呀，
你選擇拿走5圓。
那我要拿走
50圓。
拿走5圓
這樣呀，
你選擇拿走1圓。
那我要拿走
50圓。
拿走1圓
當然要選100圓囉。
那我拿走
10圓。
拿走100圓
咦？
你要拿1圓嗎!?
那我手下留
情，拿走10
圓好了。
拿走1圓

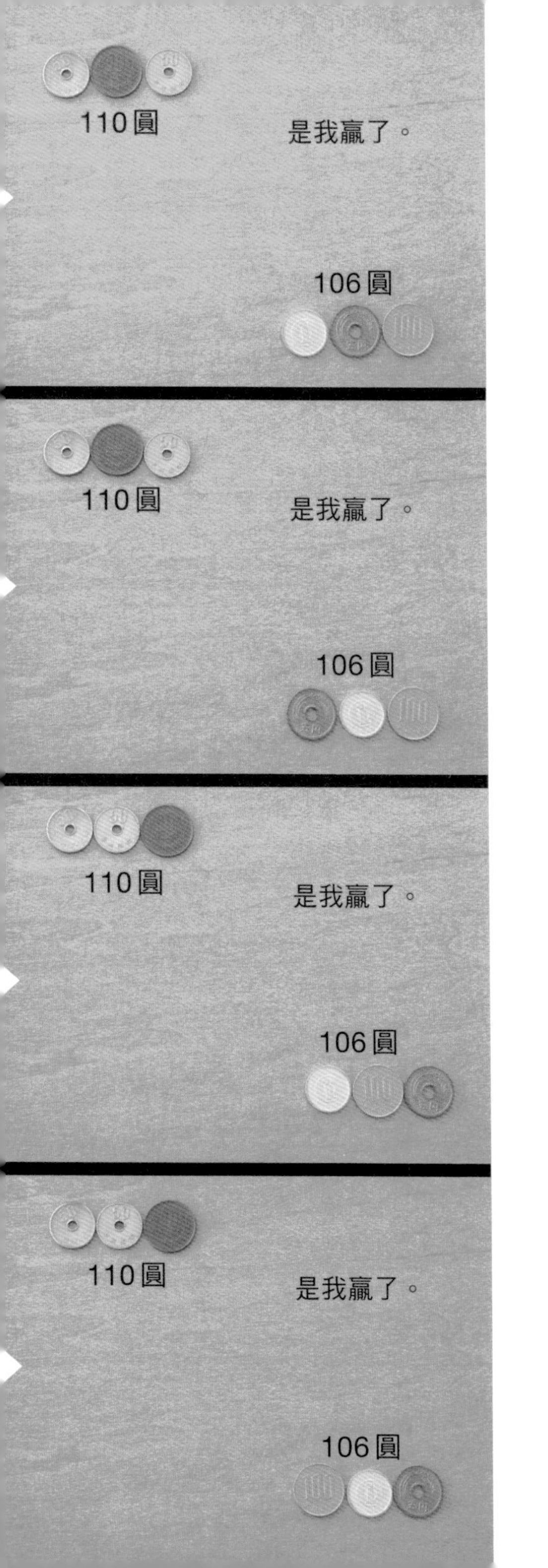

真是沒有想到！
不管是哪一種情況，
最後都是我贏，
而且還是同樣的金額。

為什麼
會出現這樣的結果呢？

思考邏輯

找出贏家取硬幣方式中潛藏的規律性。

我：總計110圓

你：總計106圓

現在，先用紅色圈出我拿走的硬幣，
再用藍色圈出你拿走的硬幣，
如此可以清楚看出，我們拿走的硬幣都相互間隔。

其實我在遊戲開始前，
就已經心算出紅色硬幣總和（左邊開始的奇數順位硬幣），
以及藍色硬幣總和（左邊開始的偶數順位硬幣）。

所以，只要取走所有紅色圈出的硬幣，
我就能贏得這場遊戲。

在此時
你早已經輸了。

那麼，我該怎麼做
才能拿到所有紅圈硬幣呢？

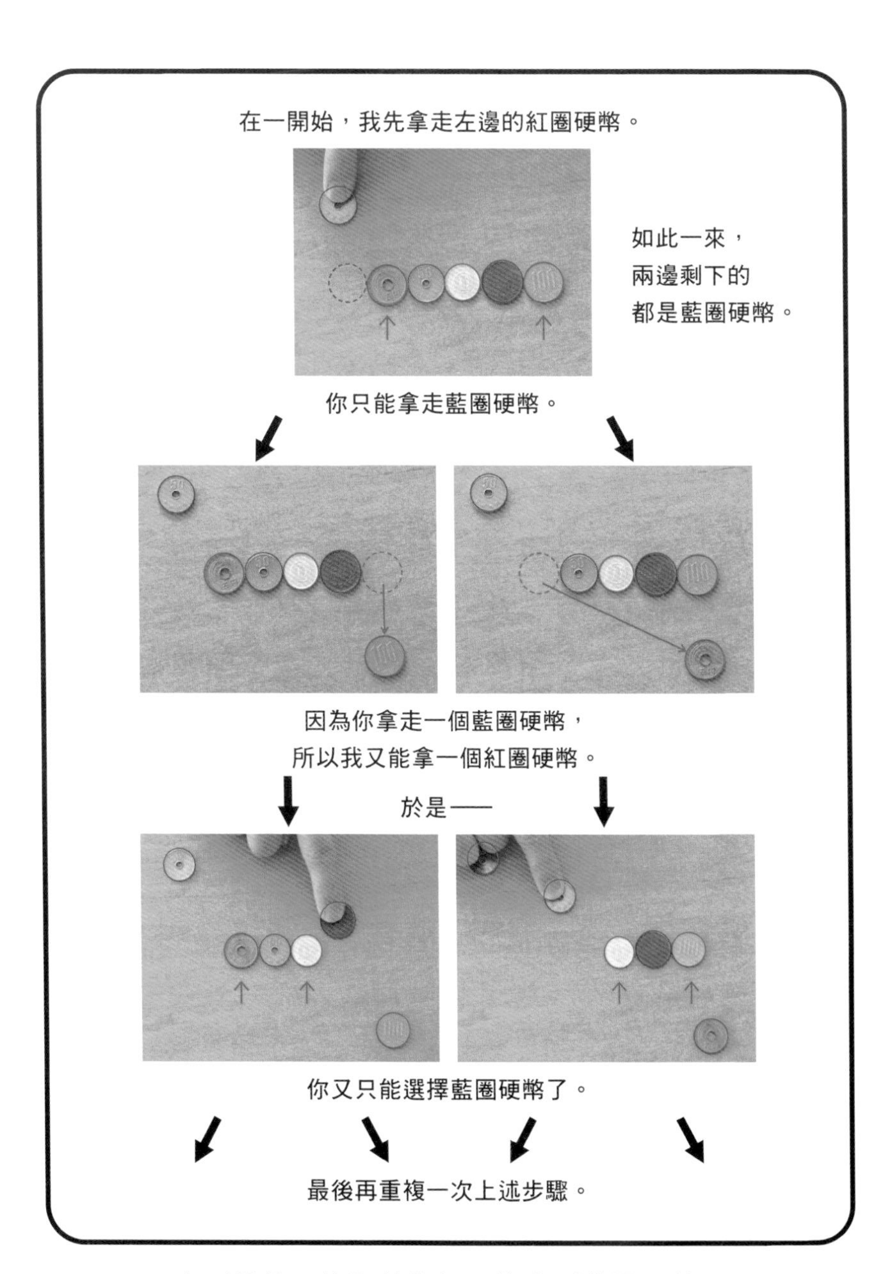

直到最後，後取的你都只能拿到藍圈硬幣，
因此注定要輸掉這場遊戲。

第13題　轉動骰子

這裡有一顆骰子。

現在，我們要將骰子往前後左右，

其中一個方向轉90度。

也可以這樣旋轉。

每一次都要轉90度，

接著再往任意方向轉動90度。

重複4、5次之後，
骰子的狀態如上圖所示。

其實，我們可以從這兩張圖片
精確推知翻轉次數究竟是4次還是5次，
你知道該怎麼解開這個謎底嗎？

第13題　講解

最初，骰子露出的3個面
分別為6、5、3。

思考邏輯

請注意翻轉90度後，骰子的露出面及隱藏面之間的關係。

試著翻轉之後，我們可以發現原本露出的3個面，
有其中1面會變成隱藏面。

5消失之後，
露出相反面的2。

5→2

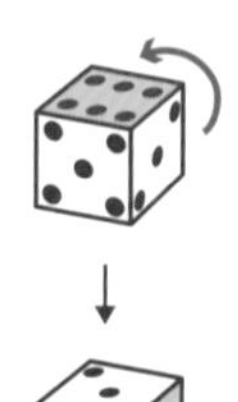

6消失之後，
露出相反面的1。

6→1

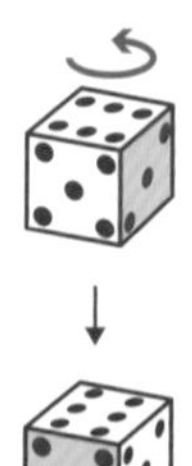

3消失之後，
露出相反面的4。

3→4

工學博士教你降低持股成本，實現逢低買進，
每月收入穩定，投資報酬率破10%

自組ETF邊上班邊賺錢

有沒有簡單的投資方法，風險不比ETF高，但是賺得更多？

重點是，對股票沒有深入研究的一般人，也能操作！

用少數指標進行初步篩選，然後以量取勝，再每季檢核，剔除營運轉差的個股。用廣度取代深度，最後賺取利潤。以2022年及2023年上半為例，作者的操作績效分別是負10%及正28%，各比0050好了10%左右。

最適上班族的主動式投資法則。

讓你一年不過花幾個小時，就賺贏大盤。

作者／吳宜勳　定價／380元

從認識影響房地產景氣的各項指標到
買賣最佳時機點超詳細分析

抓住房地產最佳決勝點

第一本結合房地產理論與實務!!!

不但適合一般大眾，也非常適合銀行、保險、建設、營造、代銷、仲介及銀行放款人員使用。

全面解析與房地產景氣相關的「關鍵指標」！

幫助讀者可以自己找出最佳的房地產買賣點！

作者／廖仁傑　定價／480元

理」新觀念

頭皮交易

100張圖搞懂股票期

作者／方天龍　定價／480

小資族以小搏大！

圖文對照，以

不論你是

個股期

修技巧！

析買賣點。

投資人，本書兩小時內，讓你進入

的堂奧。

大家知道嗎？
骰子的相對面數字相加後，一定是7。
由於7是奇數，因此每一組相對面，
必定為（偶數，奇數）的組合。

在這個前提下可得知，每一次翻轉90度，
隱藏面與露出面的關係只會有以下兩種可能性。

偶數消失，出現奇數。
或是
奇數消失，出現偶數。

換句話說，每翻轉90度，
某一個露出面的數字，
就會發生奇偶交替的情況。
接著可以發現，在這個時候，
3個露出面總和的奇偶性也會交換。

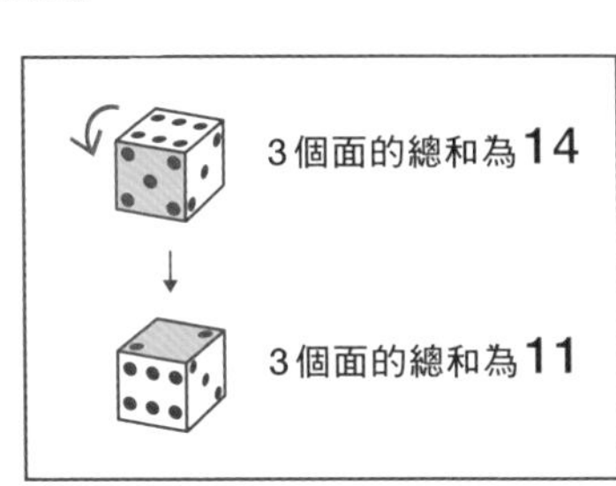

回到問題中的骰子，
一開始骰子露出的3個面總和為偶數，
最後結束的總和也是偶數。

最初

3個面的總和為14（偶數）

90度翻轉4、5次之後

最後

3個面的總和為6（偶數）

由此可得知，骰子的翻轉次數為偶數，
也就是翻轉了4次。

答案：4次

第 5 章

從一個地點到另一個地點，直線是距離最近的路線

三角不等式

第14題　橫濱中華街

第15題　橫越十字路口的走法

這是一張橫濱的衛星空照圖。
左頁可以看到橫濱體育館。
而位於正中央的棋盤式街區，
就是遠近馳名的中華街。

接著下一頁將提出有關中華街的問題。

住在中華街的小陳跟兒時玩伴山本，
倆人一起去P飯店吃小籠包。
吃飽後的山本與小陳，
分別沿著紅色路線及藍色路線回家。
假設他們步行的速度相同，
請問哪一個人會先到家？

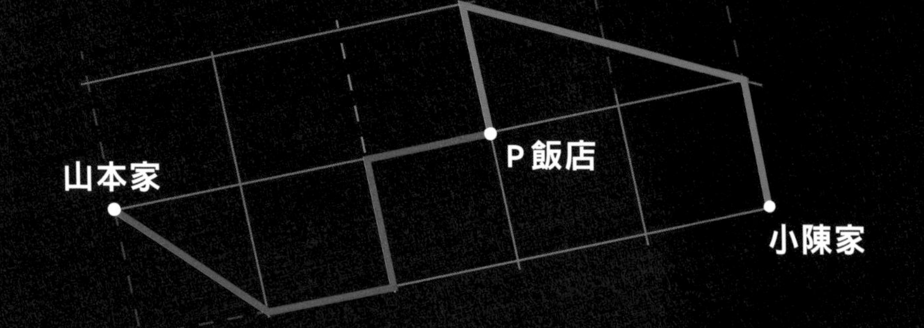

他們倆人的住處周圍，
街道皆呈現格子狀，
假設所有格子皆為正方形。

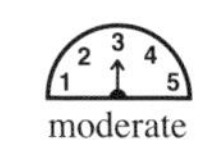

思考邏輯

先將問題簡化，
就能看出問題的核心。

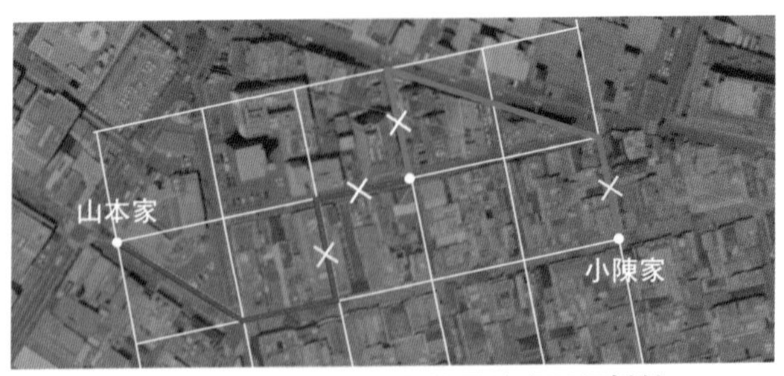

首先，將倆人回程路線上等長的邊互相抵銷。

接著比較剩下的路段長度。

我們將路線移動後，可以得到一個三角形。

終於找到問題的核心了。

廣瀨

直線是兩個點之間的最短距離。
所以在我們最後得出的三角形中，
藍線會比有曲折的紅線更短。

換句話說，
沿著藍線回家的小陳行走距離較短。

答案：**小陳先到家**

我們已經知道
「三角形的兩邊之和永遠大於第三邊」
的不變事實。

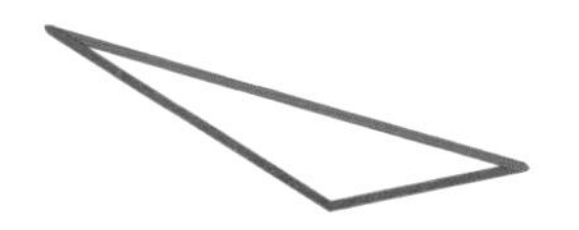

這個概念稱為三角不等式。

從這個概念來思考，
「兩點之間的最短距離為直線」
這個答案自然就會浮現。

Triangle Inequality

第15題　橫越十字路口的走法

這是一個十字路口，

如果我們要從遠方的A交通錐，

走到近處的B交通錐。

假設過馬路時必須走直線（不能斜向穿越），

該怎麼走才是最短的路線？

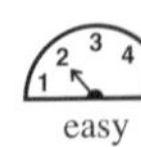

請參考右側的
俯瞰圖來解答。

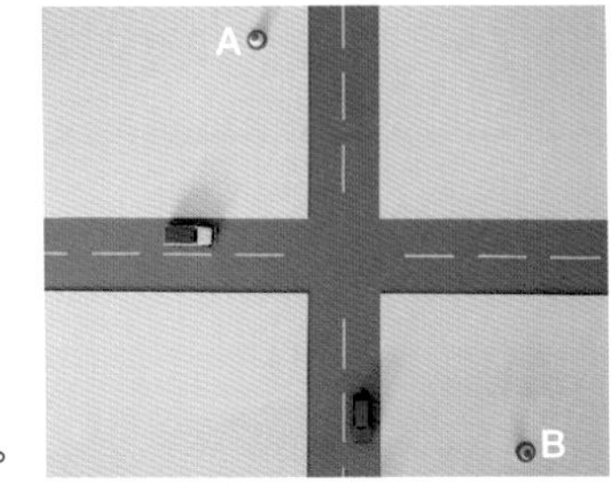

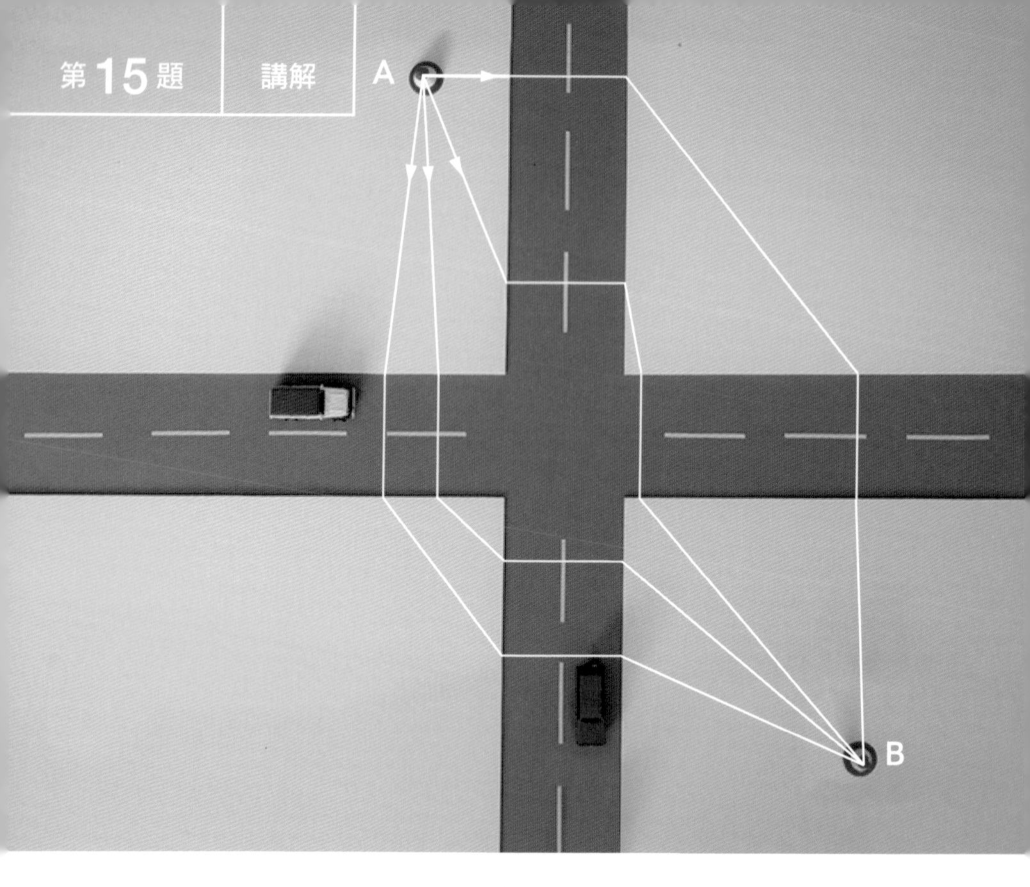

思考邏輯

請直接忽視車道的存在。

因為無論怎麼走，從A到B的距離，
都必須穿越縱向及橫向的馬路各一次。
而且不管從哪裡穿越馬路，距離皆相同。
既然如此，乾脆直接省略車道來思考。

可以直接不管馬路！
數學真是個自由的世界。
——佐藤

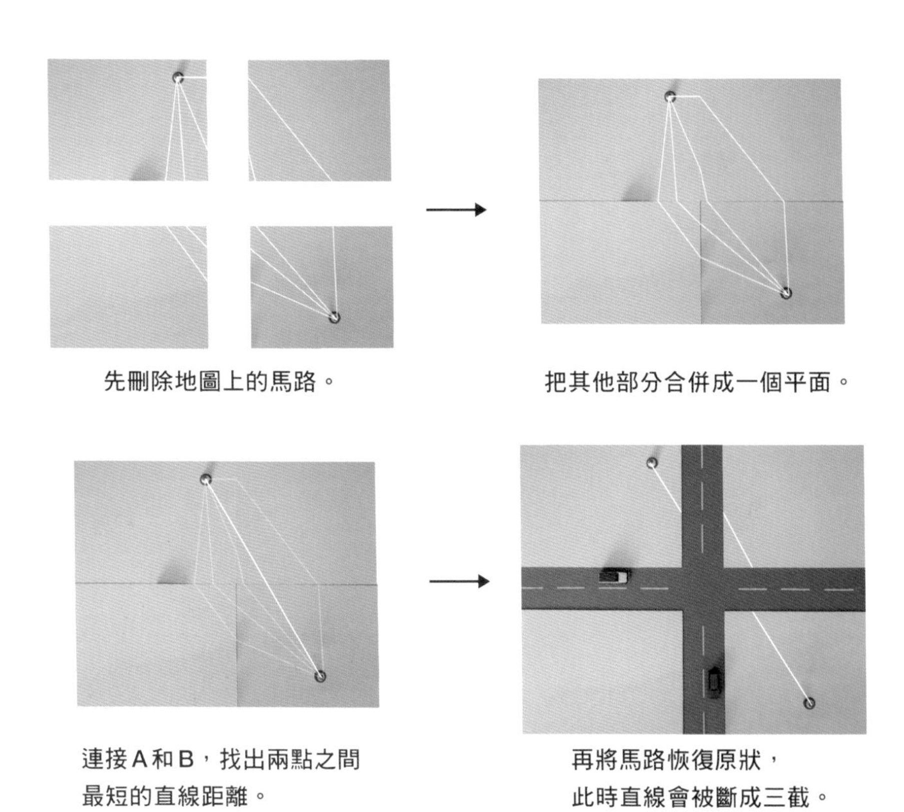

先刪除地圖上的馬路。

把其他部分合併成一個平面。

連接A和B，找出兩點之間
最短的直線距離。

再將馬路恢復原狀，
此時直線會被斷成三截。

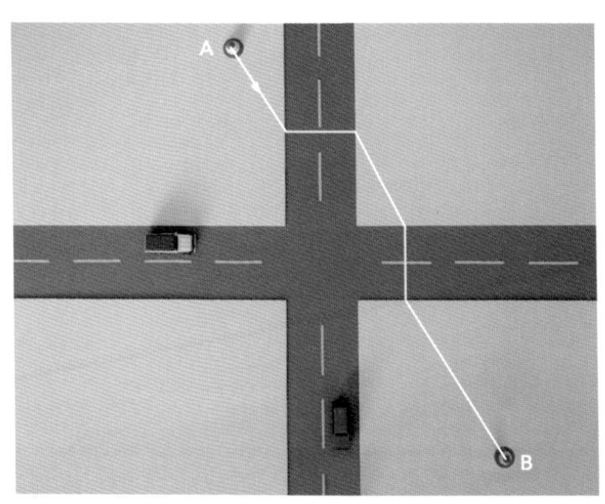

從中斷的地方穿越馬路，就可以得出最短距離。

tea time

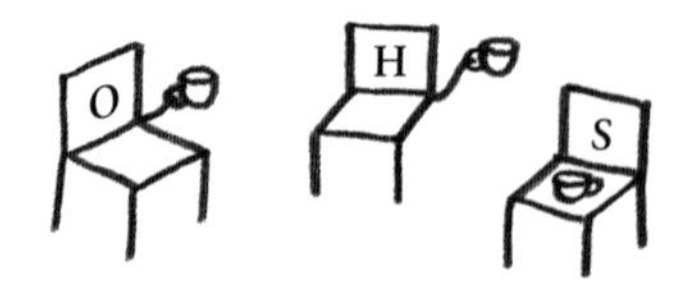

第 6 章

以不同的條件需求決定出答案

結合需要的條件

第16題 蛋糕與巧克力飾片

長方體的巧克力蛋糕上，
有一片長方形的白巧克力飾片。
如果只能從正上方切一刀，
但要將巧克力蛋糕和飾片對半平分，
應該怎麼切才好呢？

上方的巧克力飾片，
沒有在蛋糕的正中央。

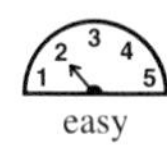
1
2
3
4
5
easy

第16題 講解

就像這樣。
分別抓出蛋糕及巧克力飾片的中心點，
以連接兩點的直線切下，就是均等的兩半。

思考邏輯

結合各自的需求條件，
就能得出問題的解答。

由於巧克力蛋糕及飾片都是長方形，
所以只要直線分別通過兩個中心點，
就能對半切出均等的面積。

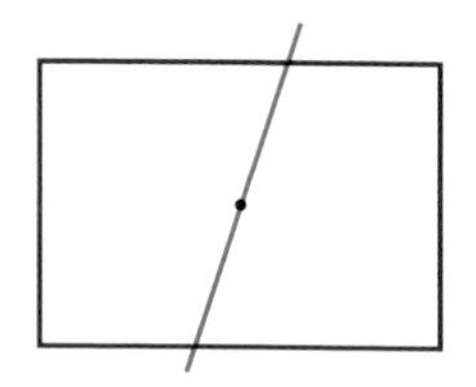
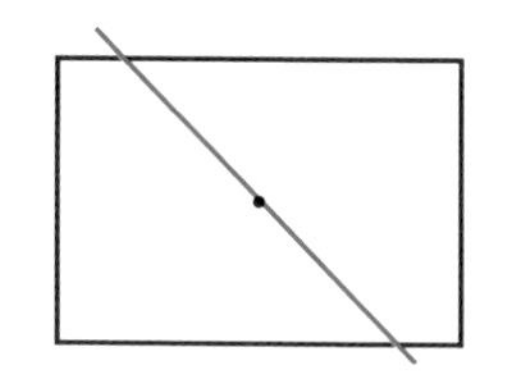
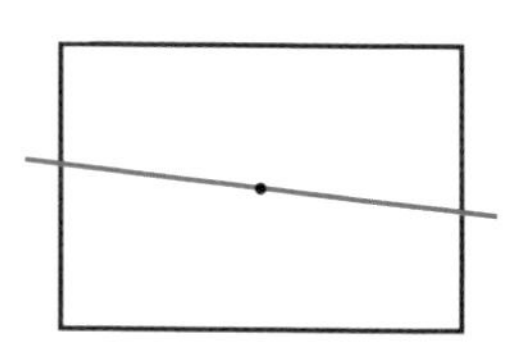

只要先找出長方形的中心點，
無論從任何角度直線切開，
長方形的面積都能對半均分。

想要將巧克力蛋糕及飾片同時對半切，
直線就必須通過蛋糕及飾片的中心點，
將兩個點連接在一起才行。

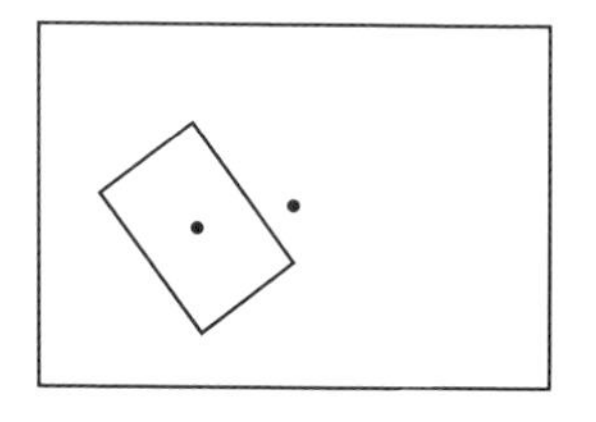

換句話說，只要直線連結兩個中心點
就可以同時切出對等的面積。

題目乍看很難，但其實只要將兩者的需求條件結合，即可簡單得出答案，這也是解題的一種妙趣。那麼，下一題該怎麼解呢？

佐藤

第17題　4種繪圖工具

請使用剪刀、繩子、鉛筆、膠帶來畫出圖形。

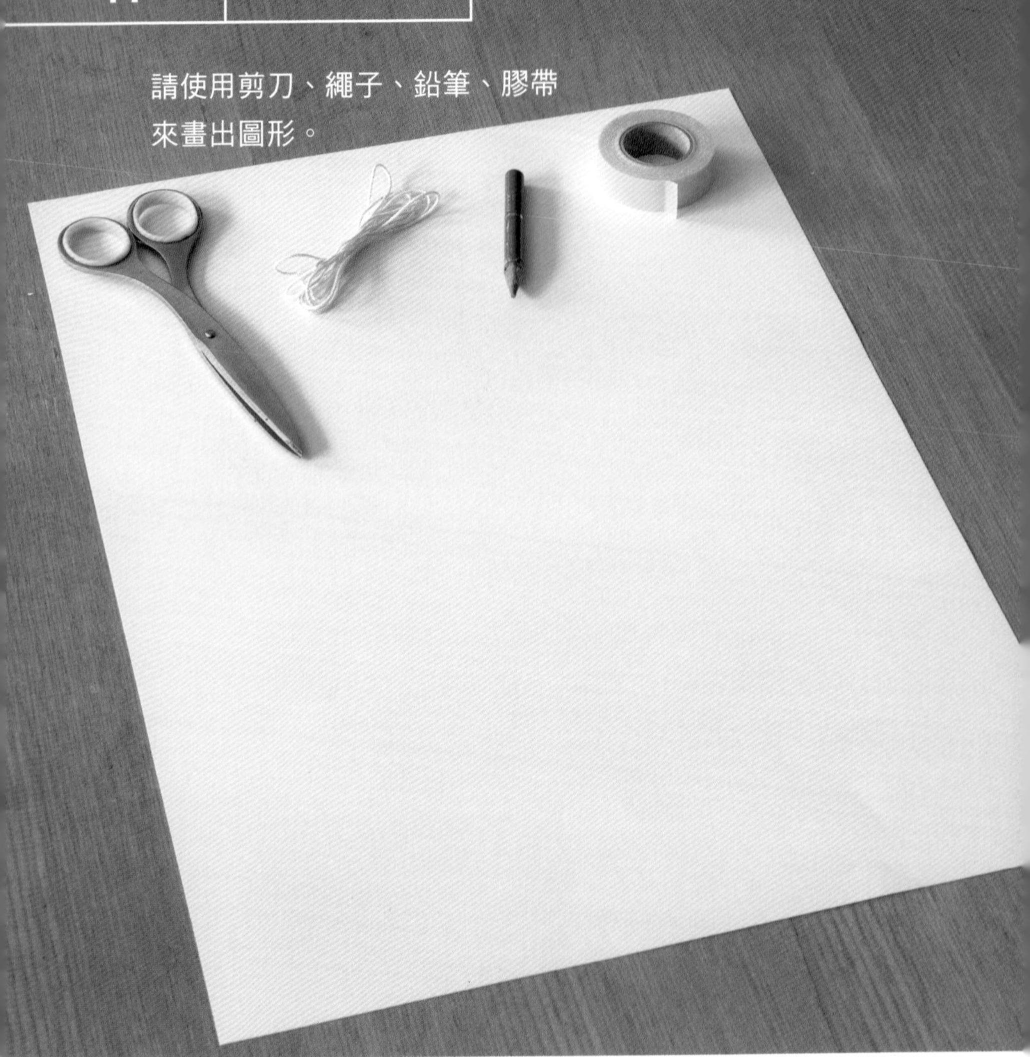

舉個例子，
透過這樣的組合
可以畫出圓形。

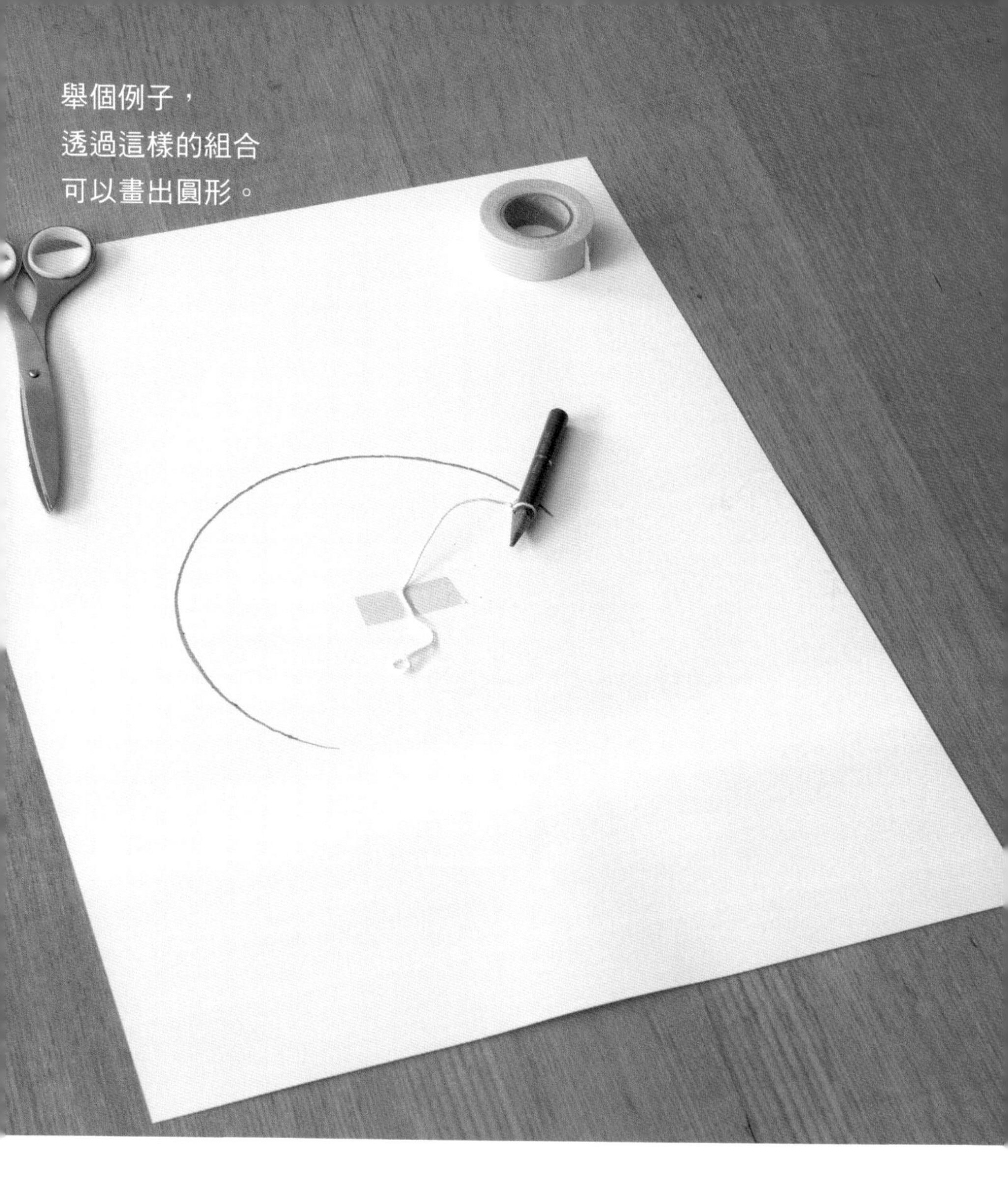

接下來要提問了。

如果想要一筆畫出左頁的圖形
該用怎樣的工具組合
才能完成呢？

這個圖形的上半部和下半部，
各自是一部分的圓。

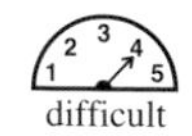

第17題
講解
利用這樣的
方式來畫。

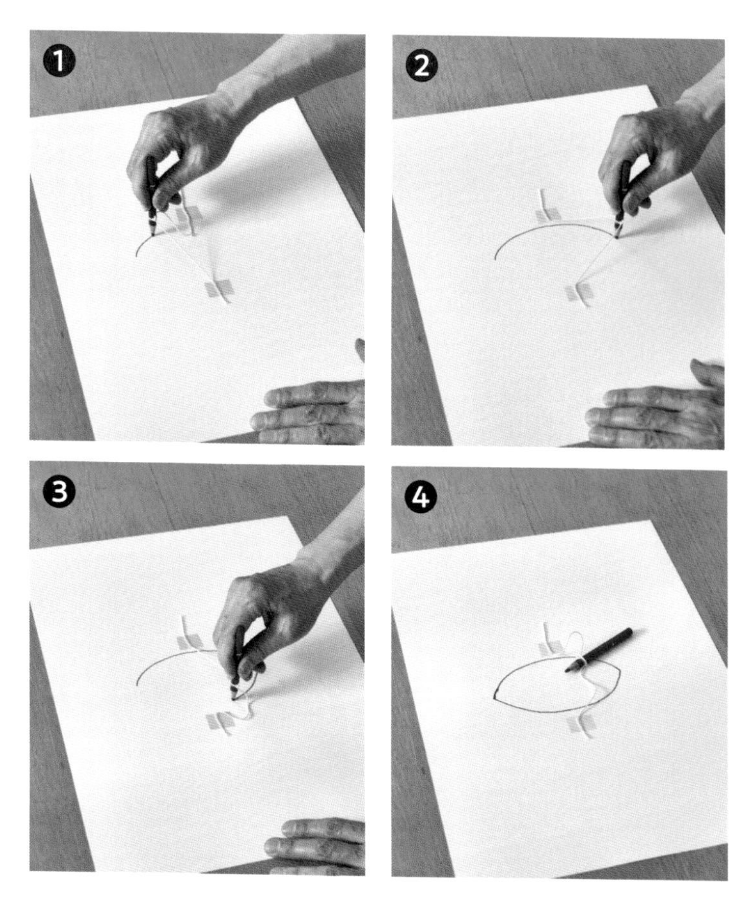

用下方的線，畫出上半部的弧線。
用上方的線，畫出下半部的弧線。

思考邏輯

結合各自的需求條件，
就能得出問題的解答。

思考難題中。

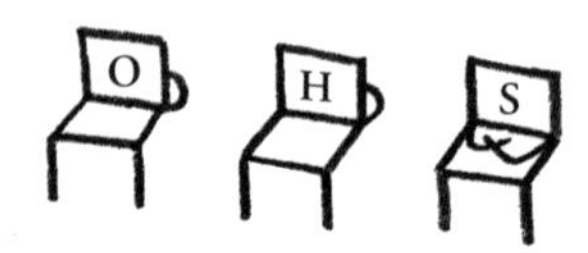

第 7 章

難以相提並論的事物，也能夠快速做出比較

比較問題

第18題　古代貨幣

第19題　31^{11} 及 17^{14}

第18題　古代貨幣

拿一個古代貨幣，塗成上圖般的紅、藍兩色。
請問哪一個顏色所佔的面積比較大？

假設正中央的四角形為正方形。

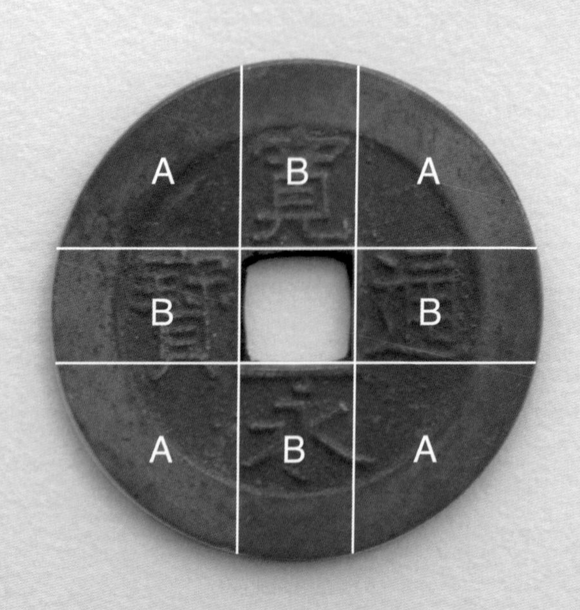

思考邏輯

將難以直接比較的事物，
變成方便對照的形式。

依圖片上的方式切割區域後會發現，
紅色部分有兩個A、兩個B；
藍色部分有兩個A、兩個B。

換句話說，
紅色跟藍色部分為相同面積。

第19題

$$31^{11} \qquad 17^{14}$$

請問上面的數字
哪一個比較大？

在前一題學到的方法

將難以直接比較的事物，
變成方便對照的形式。

就算知道可以這樣做，
這一題的數字還是很難直接比較。

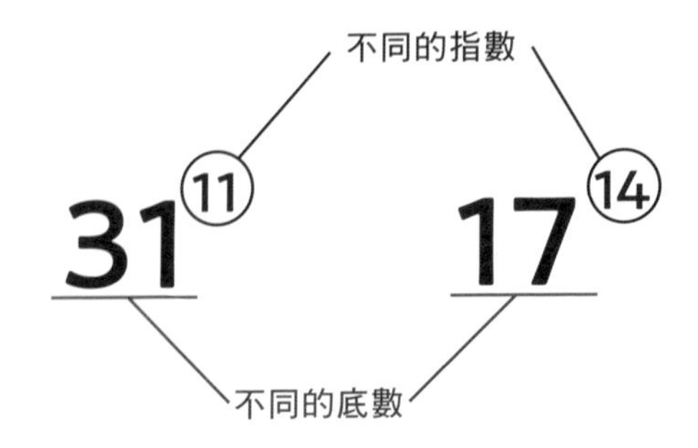

原本能夠直接比較的數字，這下子變得沒辦法比大小了。

如果兩個數字
至少有一個相同就好了……

舉例來說，如果要把底數變成同樣的數字，
我們該怎麼做才可以呢？

請仔細觀察
31和17這兩個數字……

在接下來的步驟中，
我們需要一點跳躍性思考，
請大家試著想想看。

你有發現31跟17，
都很接近2^n的數字（32跟16）嗎？

我們可以從這一點進一步推論：

$$31 = 32 - 1 = 2^5 - 1 < 2^5$$
$$17 = 16 + 1 = 2^4 + 1 > 2^4$$

換句話說，

$$31^{11} < (2^5)^{11} = 2^{55}$$
$$17^{14} > (2^4)^{14} = 2^{56}$$

兩者變成相同
底數了。

因此可得知，

$$31^{11} < 2^{55} < 2^{56} < 17^{14}$$

這樣一來，便可以輕鬆比較兩者的大小了。

答案：17^{14} 比較大

W.C.
啊！
我想到解法了！

O
H

第 8 章

多米諾骨牌效應理論

數學的歸納法

第20題　不服輸的倆人

第20題

不服輸的倆人

有兩位很擅長解謎的少年。
他們分別叫湯川跟朝永。

有一天，他們迷上名叫河內塔的數學遊戲。
這個遊戲使用了很多不同大小的圓盤。
在遊戲一開始，所有的圓盤皆插在左邊的棍子上。
接下來每次移動一片圓盤，把圓盤全部移到右邊的棍子。

移動圓盤的規則

- 大圓盤不可以放在小圓盤上方。
- 圓盤不可以放在3支棍子以外的地方。

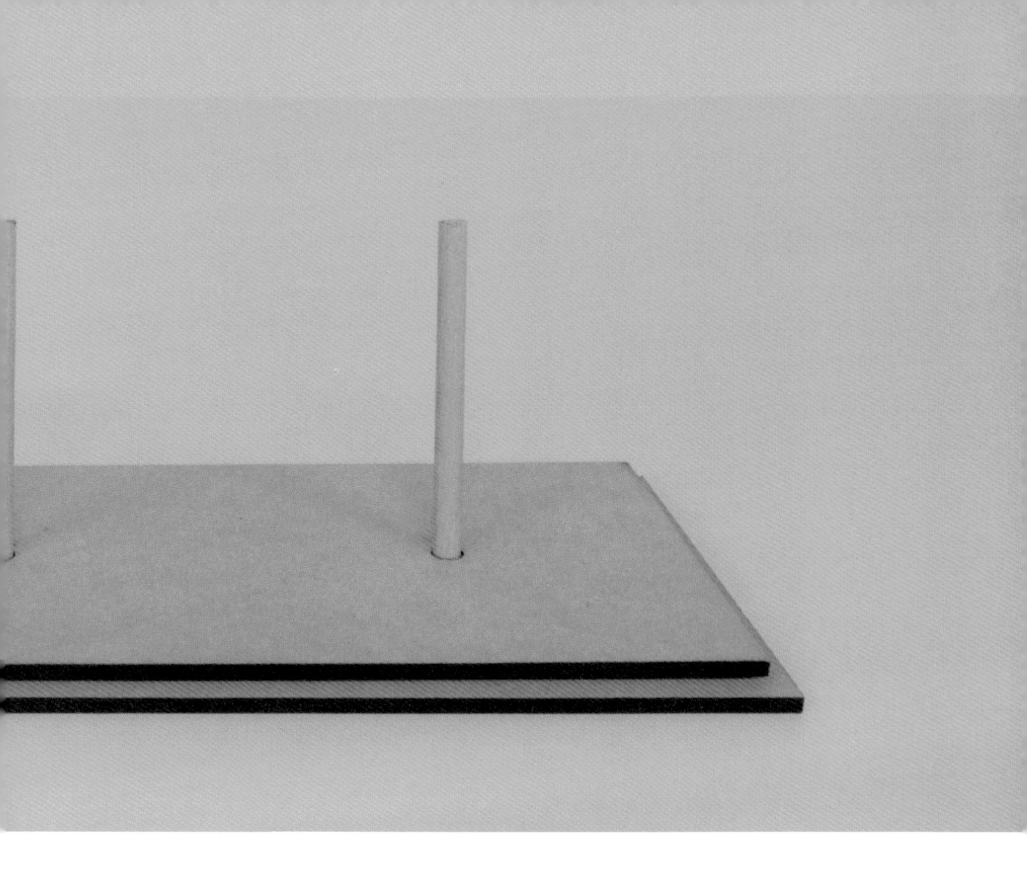

他們先使用12片圓盤，
比賽誰能夠最先破關。

過了不久，湯川得意宣告：「我知道解法了！」
似乎已經看出移動12片圓盤的先後順序了。

而朝永也不落人後地緊接著說：
「如果再加一片圓盤變成13片，我也知道怎麼解了。」

請問朝永聽完湯川的解答後，
是如何知道移動13片圓盤的方法呢？

他們把圓盤增加到13片，
開始討論解法。

朝永
現在，我們已經知道如何把左邊的12片圓盤移動到正中央，對吧？

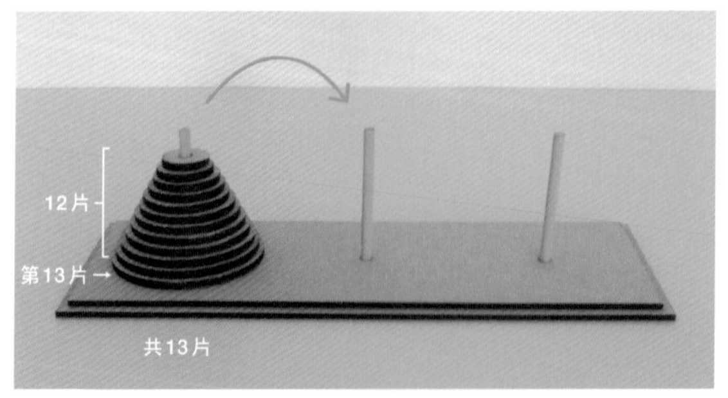

湯川
沒錯，可是這時最大的圓盤還留在左邊。

朝永
接下來先把最大的圓盤移到最右邊。

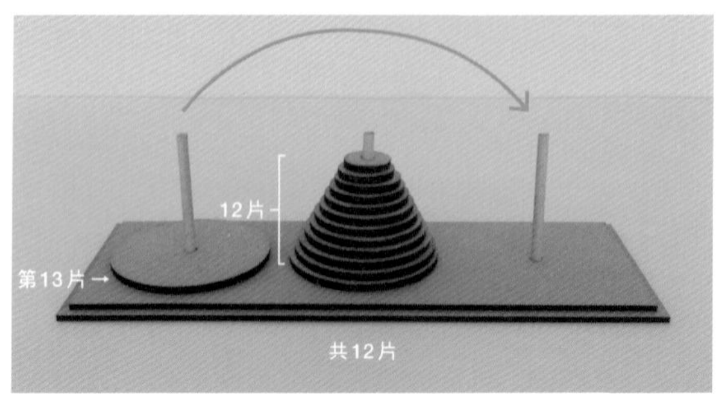

湯川
然後呢？

朝永
再重新用一次你的方法，將正中央的12片圓盤移到右邊就行了。

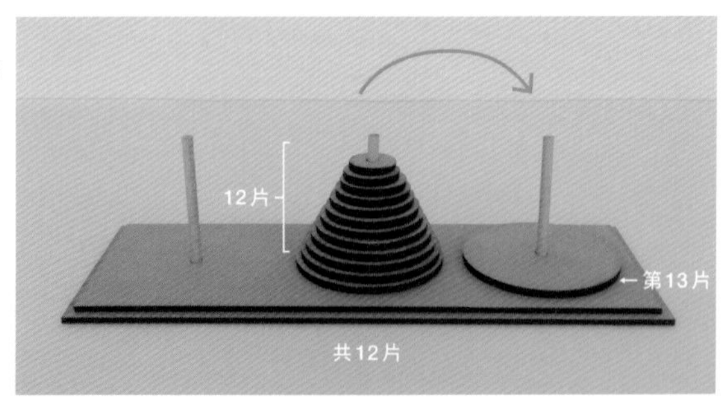

湯川
原來如此！

朝永
照這個邏輯，就算圓盤增加到14片也可以解開。

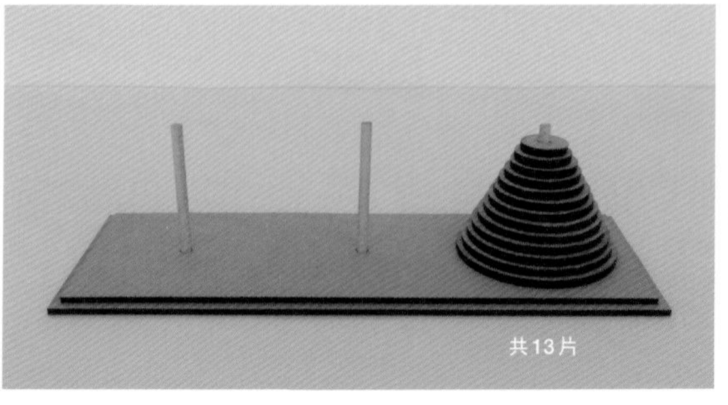

湯川
這樣說的話……不管有幾片都不是問題呢。

當湯川和朝永
解開移動12片圓盤的方式後，
他們進一步發現：

當k片圓盤的解法成立後，
同樣解法也可適用於k+1片的情況。
所以他們以此類推，
無論有幾片圓盤都可以沿用相同解法。

這種方式就稱為數學歸納法。

Mathematical Induction

大家最推薦書中哪一題？

第22題！　第22題！　第22題！

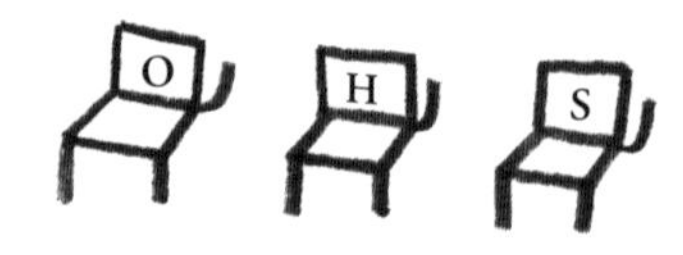

第 9 章

解題的樂趣在這裡

本書的畢業考題

第21題　約翰與瑪麗的身高

第22題　地磚的邊角

第21題　約翰與瑪麗的身高

某間科技公司請員工們排排站，準備拍攝紀念照。

接著從各縱列選出一位身高最高的人。
其中，約翰史密斯是所有選出的人中，身高最矮的人。

然後再從各橫排選出一位身高最矮的人。
其中，瑪麗布朗是所有選出的人中，身高最高的人。

現在問題來了！
請問約翰跟瑪莉，誰的身高比較高？

特別提示

當兩個事物無法直接比較時，
就先尋找各自的共通點。
在這些人之中，
誰能同時跟約翰和瑪麗比身高呢？

藍色圈出的部分，是約翰所在的縱列。
紅色圈出的部分，是瑪麗所在的橫排。
有一個人恰好在藍色縱列和紅色橫排交錯的位置上。

假設這個人名叫艾莉克絲，
現在請你仔細觀察她……

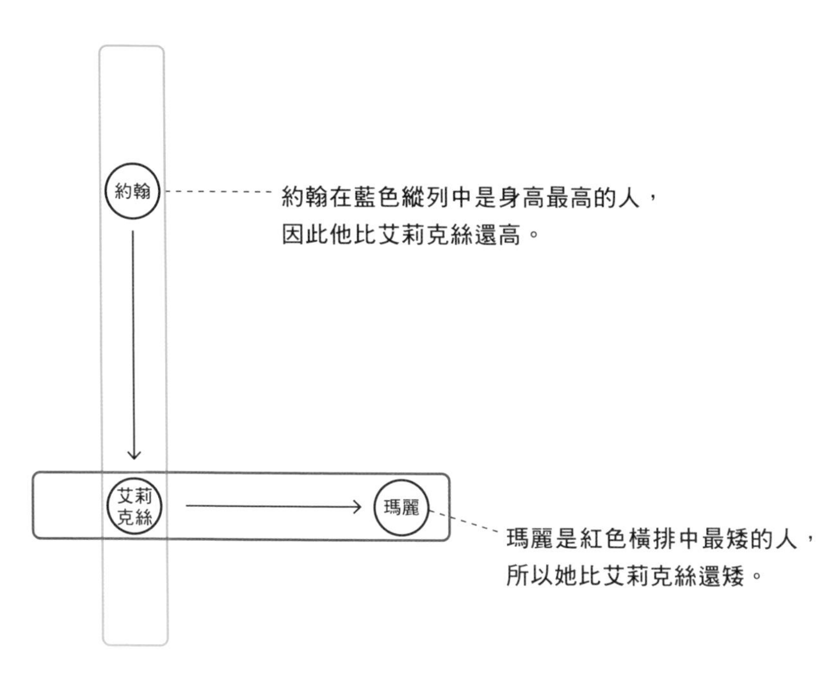

由此可見，他們由高到矮依序是：

約翰＞艾莉克絲＞瑪麗

換句話說，約翰的身高比瑪麗高。

答案：約翰

思考邏輯

將難以直接比較的事物，變成方便對照的形式。

第 21 題　地磚的邊角

這是一條鋪滿正方形地磚的人行道。
請你自由選出5個地磚的邊角，
然後用直線串連所有選出的邊角點。

接下來，請你證明這些直線之中，
必定會有一條線通過地磚的邊角。

思考邏輯

用數字來表示地磚邊角的位置。

將位置數值化，就能夠具體進行操作，也可以清楚看出問題點。

如右圖所示，我們先將座標軸放到人行道上，
讓所有地磚邊角變成（整數, 整數）的座標模式。

接著請注意座標的偶數及奇數，
地磚邊角的座標只有以下4種可能：

右圖的5個邊角分別可以用以下的座標標示。

①（偶數, 偶數）	（4, 2）
②（偶數, 奇數）	（0, 5）
③（奇數, 奇數）	（1, 1）（5, 3）
④（奇數, 偶數）	（5, 4）

我們共選出5個邊角，但座標分類只有4種，
所以依照鴿籠原理可得知，至少有兩個邊角屬於同一個分類。
當有兩個邊角必屬於同一種分類時，又會發生什麼情況呢？

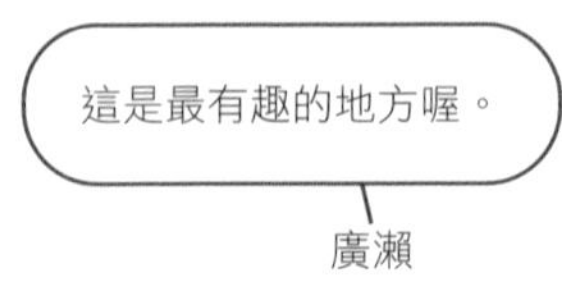

假設兩個邊角座標分別為（a, b）、（c, d），
兩者的中點座標便可標示為：$\left(\frac{a+c}{2}, \frac{b+d}{2}\right)$

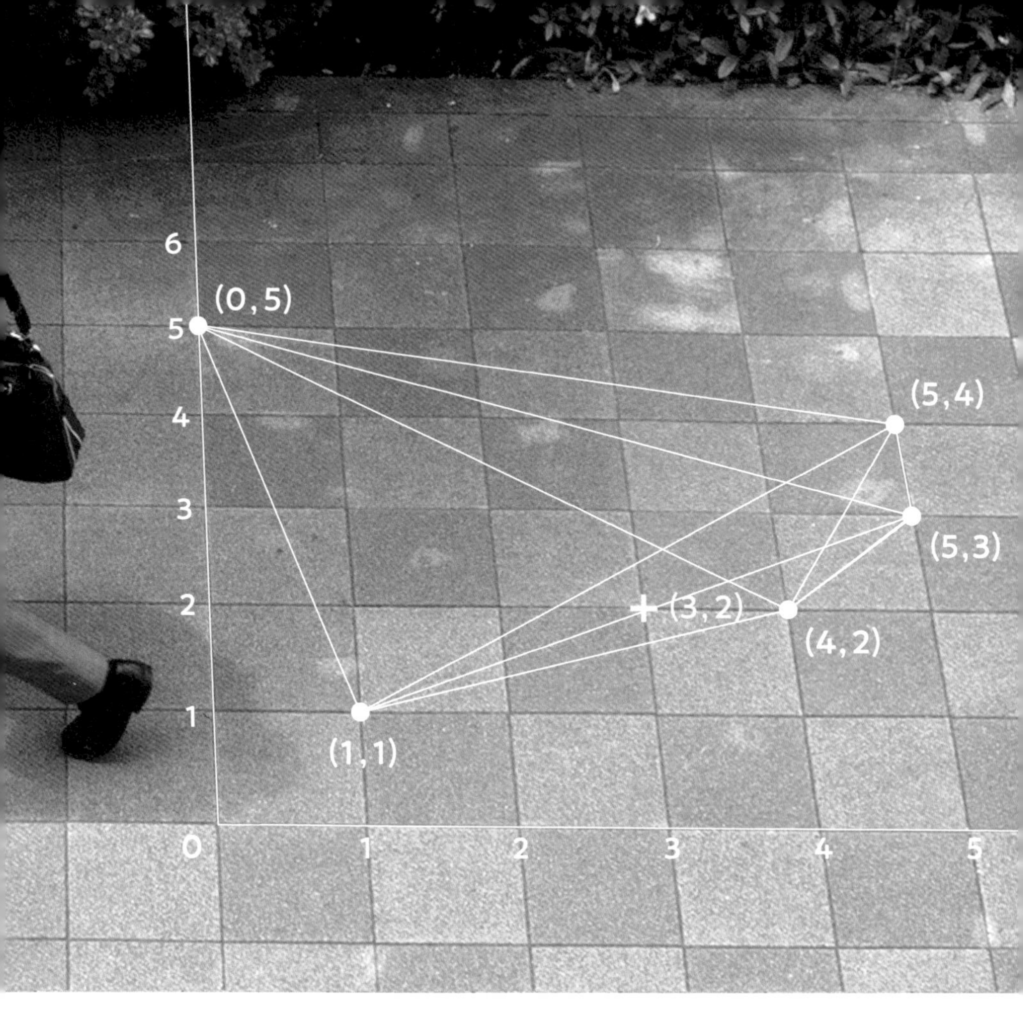

此時由於a和c、b和d分別具有相同的奇偶性，
因此a+c、b+d的結果都會是偶數。

因為偶數必定能被2整除，
由此可知，中點座標一定會是（整數,整數）。
也就是說，兩點之間的中點必然會通過某個地磚的邊角。

這個問題結合了
鴿籠原理和奇偶性
兩種數學概念。

同場加映

最終章

促成本書的題目

最初的問題

第23題　磁磚上的角度

第23題 磁磚上的角度

y°
x°+y°是幾度呢？

1 2 3 4 5
difficult

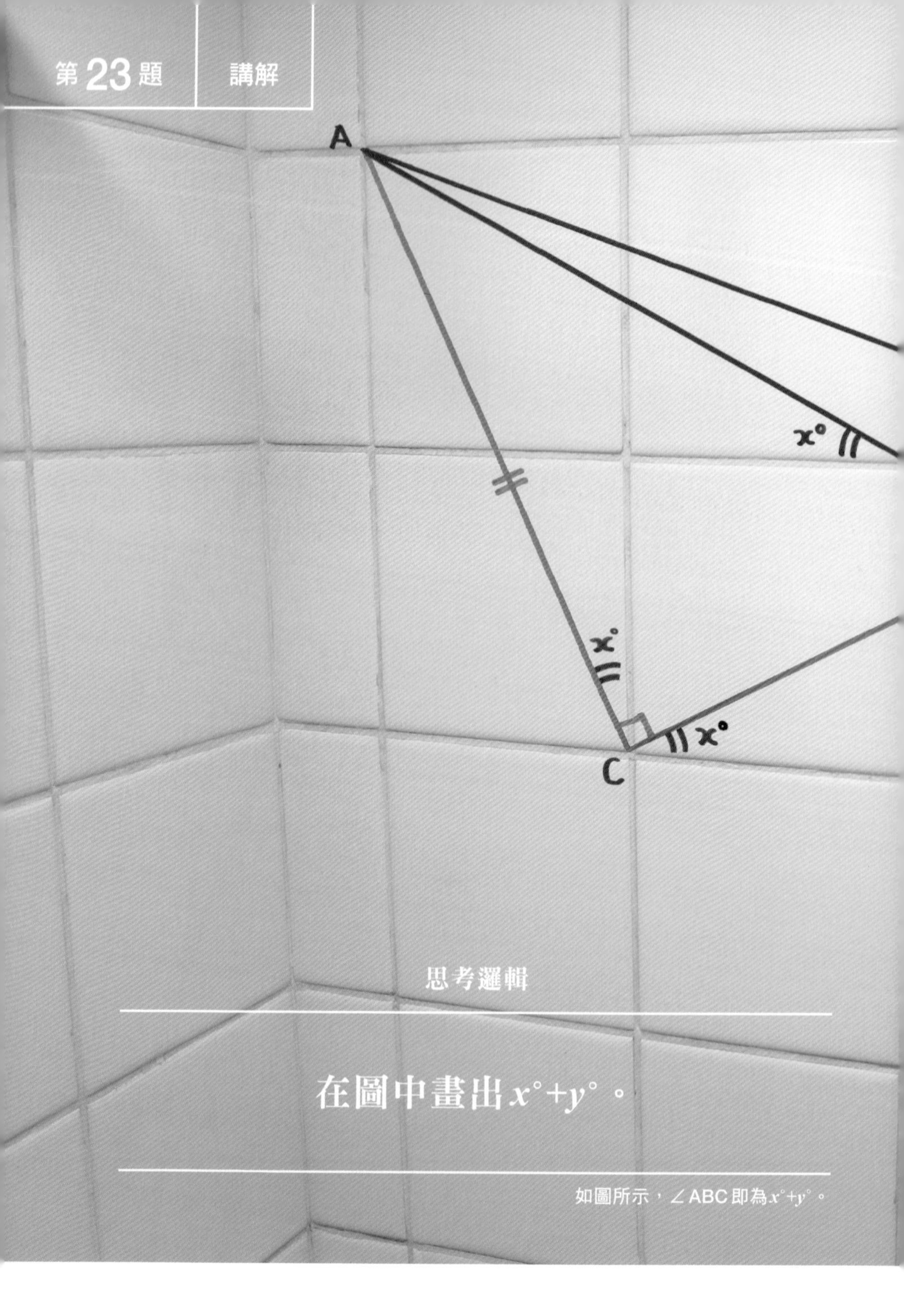
第23題
講解
A
$x°$
$x°$
$x°$
C
思考邏輯
在圖中畫出$x°+y°$。
如圖所示，∠ABC即為$x°+y°$。

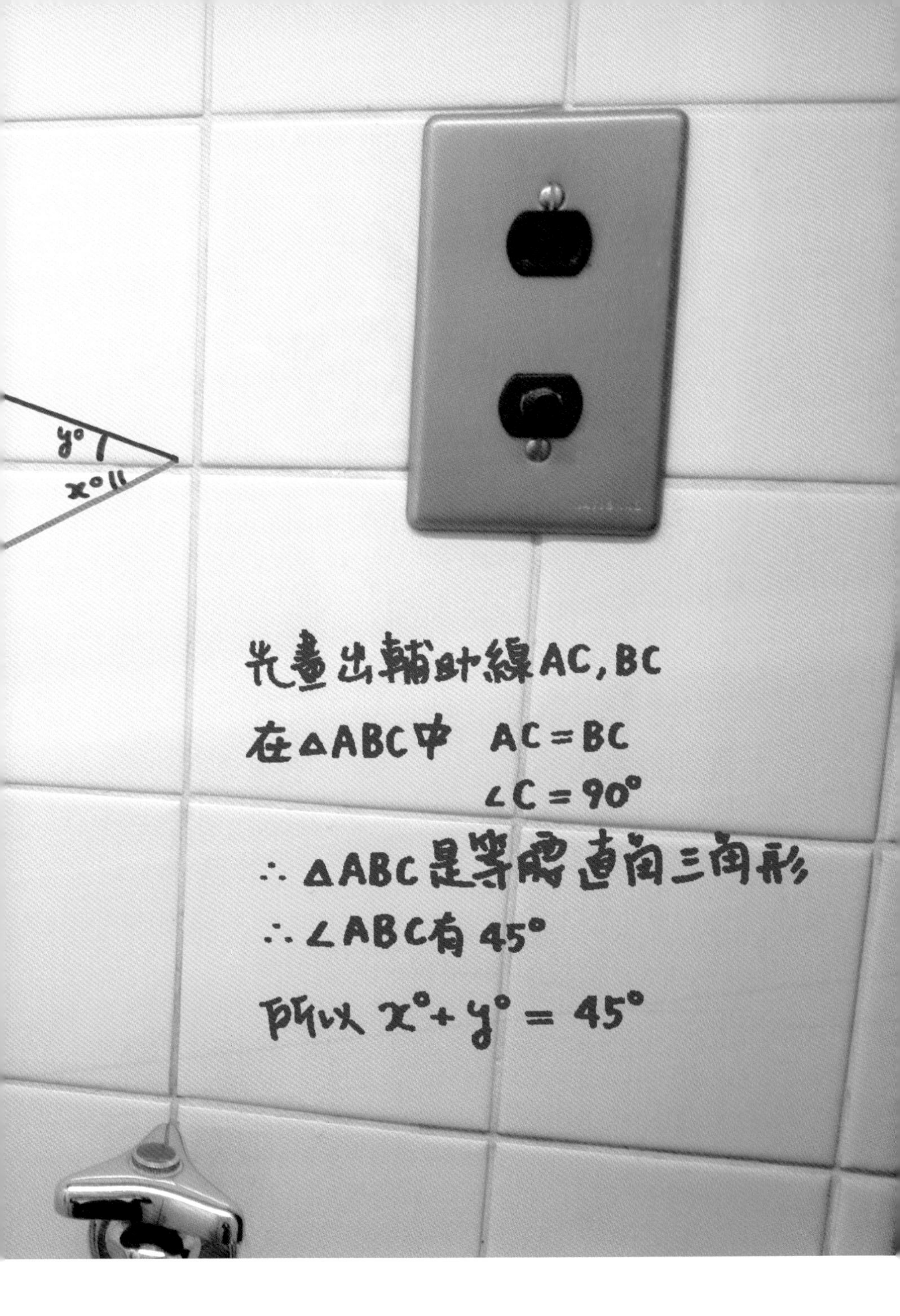
y°
x°
先畫出輔助線AC, BC
在△ABC中 AC = BC
∠C = 90°
∴ △ABC是等腰直角三角形
∴ ∠ABC有 45°
所以 x° + y° = 45°

本書誕生的契機——以此作為後記

接下來是關於本書三位作者的感想，並以此作為這本書的結尾。在這之前，請容我稍微簡單介紹我們三位的身份背景。（佐藤雅彥）

佐藤雅彥研究室在慶應義塾大學湘南藤澤校區一直持續到2008年。在2009年，我與幾位研究室最後的學生一起新成立了數學研究會。當初研究會並沒有特別設定目標，純粹是以尋找有趣的數學題來研究解法而已。大家會在隔週的星期六到我的辦公室集合，花一整天沉浸在數學的世界裡。這種模式一直持續到2015年。我們用來當作研究會教科書的《數學廣場（Mathematics Circle: Russian Experience）》是一本非常精彩的書籍，每次閱讀總會帶來深深的感動及興奮感。

雖然在研究會度過的時光相當充實，可是我內心深處仍對於研究會漫無目的這一點隱約感到內疚。直到2015年4月，我偶然有一個新發現，而後這個研究會便開始有了目標。

焦急的週六　　佐藤雅彥

在一個週六早晨，我很少見地相當心急，因為研究會即將在下午一點開始，而我還毫無準備。這個研究會源自我所隸屬的慶應義塾大學佐藤研究室，是一個專門鑽研數學知識的研究會。從2009年開始，幾位喜歡數學的佐藤研究室畢業生會以幾乎是隔週一次的頻率，到我位於築地的辦公室集合。而這個令我焦急的週六，就發生在2015年的4月。

說來慚愧，我之所以感到焦急，其實是因為我沒有做功課。雖然活到這把年紀，我早就揮別有功課的歲月，但是在這個研究會，每一位參加者都需要提交功課。不過我們的功課並不是解題，而是「出題」。

坦白說，那天的我偷偷抱著不純的動機，想要出一道能夠震驚四座的題目。大家再四個小時就要來了，我內心不禁越來越焦急。在研究會快開始之前再做功課——那段時間的我，每次都用這種臨陣磨槍的方式準備題目。週六早晨通常是讓人擺脫一整週忙碌公事的時光，而我卻給自己訂定了這種特別的束縛。

我急著尋找救命稻草，不斷翻閱手邊所有的數學問題集和各種入學考的考古題找靈感。在這些救命稻草裡面，我看到一題求幾何圖形角度的經典問題。這個問題並沒有特別著墨的數學概念。我們這個研究會特別注重數學上的邏輯思考，

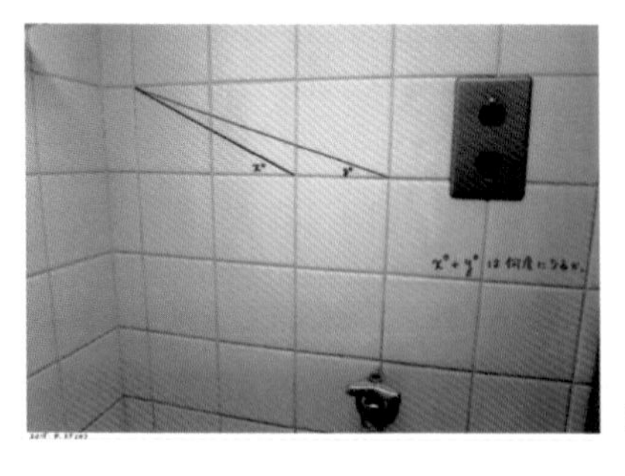

照片1

每次遇到「數字奇偶性」、「鴿籠原理」、「不變量」等概念時，大家都會發出一陣歡呼，在一般人眼裡算是相當奇特的團體。要對這樣的成員們提出這種國中程度的題目好像不太合適……就在這時，我陡然抓起愛用的Canon S120數位相機，衝到浴廁裡，然後立刻把拍下的照片列印出來，拿出尺畫出直線，標上文字（如照片1）。後來我查看這張照片的拍攝資訊，上面顯示的時間為「2015年4月25日9:25:44」。當天的研究會是下午一點開始，還真是貨真價實的臨時抱佛腳呢。

我照片裡拍的是廁所牆壁上的磁磚。當我看到某間國中的這道入學考試題（圖1）時，不知為何突然想將問題放到實際的磁磚上看看。雖然這不是什麼驚人的點子，但那時的我一心只想趕在期限前交出功課，所以立刻就採取行動。當時我

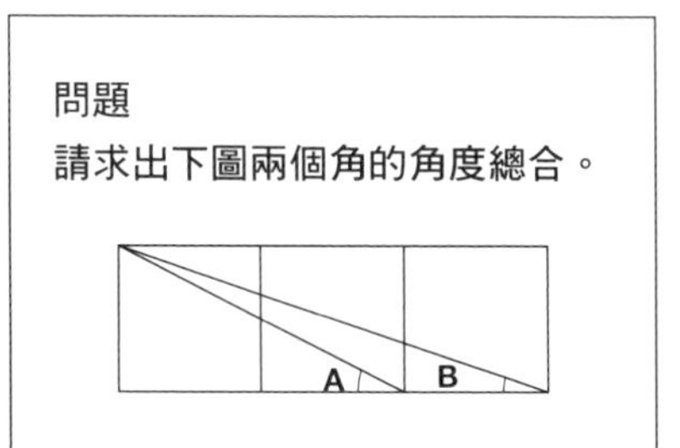

圖1

也有從正面拍攝磁磚，不過直覺告訴我，這張有點斜度的照片比較好。嚴格來說，照片上的磁磚尺寸有些不同，並不是真正的正方形，但我沒有特別在意。之後回頭思考時，我發現這裡面藏著一個重大關鍵。

經過半天的時間，大家總算結束沉浸於數學世界的一日時光。我在同學們回家後，獨自坐在辦公室裡，回顧早上急忙想出的問題，以及大家看到題目時的反應。我終於有時間好好思考自己想出的這道題目。

「教授，這題很難呢。」

「問題本身很簡潔，卻沒辦法立刻想出解法。」

我想起有些同學曾這樣說……但他們明明一拿到試卷（照片1）就算出答案了。沒有任何人在意磁磚的歪斜，反而立刻全心投入解題。

我把使用照片的試題跟原始入學考題放在一起比較（照片1和圖1）。這兩個問題的本質並無不同，而且原始題目上的圖形甚至更精準，畢竟照片上的磁磚有遠近感，圖形本身也有些微變形。然而，同學們卻能夠忽略這些扭曲的部分，一眼看出問題的關鍵之處。除此之外，仔細回想我當初以為有點扭曲的照片會加深難度的想法。為什麼會有這樣的心理作用呢？或許這只是我個人的疑惑，但我開始更深入地探究這個問題。

「知覺恆常性」是人類的一種重要認知能力。面對相同的目標物，我們的觀看畫面（＝映照在視網膜上的圖像）會隨著觀看方向、距離、光線不同而變化。然而，我們對於在視覺上出現變化的物體，仍會對它們的形狀、顏色保持恆定不變的認知，這就是所謂的知覺恆常性。

我靈光一閃的做法——也就是拍攝廁所裡的磁磚，並直接在扭曲的圖形上留下線條跟文字的圖像，最後映照到解題者眼中時，便啟動他們體內的知覺恆常性。換句話說，他們看到問題後，無意識先吸收到腦內，然後自行修正圖片上的扭曲，再重新把結論告知自己的大腦。當他們看到真實的磁磚照片時，已自行在心中畫出理想的正方形格子，將數學問題映照在上面。這樣說或許有些誇張，不過他們可說是「已經將問題內化到自己體內」。

我長年投入研究與開發數學的教學方法，成果包含從兒童教育節目《藏在日常生活中的數理曲線DVD-book》、《PythagoraSwitch》另外衍生的特別節目《大人的PythagoraSwitch》，以及《用眼睛來算數》這套使用於實際教學時的影片教材等等。不過，這些都是以影片做為媒介，為什麼我從來沒透過書籍，也就是以文字為主的媒體來推廣數學教育呢？不，應該說我為什麼從來沒想過要這麼做呢？自從我用扭曲的磁磚照片設計出這道數學題後，我終於知道原因了。

大部分的數學文章，都會讓人看不懂問題到底在說什麼。

大部分的數學文章，都會讓人產生一種壓迫感。

這是一直困擾著數學教育的兩大難題，阻礙著學習者前進的步伐。許多人還來不及感受到數學的趣味就碰到瓶頸，而且往往不敢說出「我看不懂問題在說什麼」，也無法想像除了履行學習義務以外，會有人主動湧起「好想解開這道數學題！」的心情。但是，這道廁所磁磚的數學題讓我忽然頓悟，假如把數學問題與現實世界結合——

只看一眼，就能理解問題的用意。
只看一眼，就會湧現解題的動力。

於是，在研究會從2009年開始運作後的第六年，我們終於找到目標方向。隨後又經過六年，我們在2021年完成了這本書。

伴我一起走過這條漫長數學路的大島遼及廣瀨隼也，他們都是慶應義塾大學佐藤研究室最後的研究生。兩人皆以滿分成績考進這個專門鑽研數學的研究室，跟隨著我學習，轉眼間就過了十五個年頭。

近幾年來，這個企劃案可説都是由他們在帶領執行。大島、廣瀨，我們終於做出結果了！我們三人花費大量時間，埋頭在五花八門的數學概念中摸索，這一切的努力，終於在最後以如此傲然的姿態誕生到我們所在的世界上。對於他們兩人為此書付出的真心誠意，我深表感謝。

另外也要感謝岩波書店的濱門麻美子小姐鼎力相助，我們才得以用如此具體的形式呈現數學的樂趣。濱門小姐不只是一位編輯，更是我們研究會裡資歷將近十年的成員。我們是互相提出問題，一起絞盡腦汁思考解法的同志。若非濱門小姐心志堅定地想做出一本能永遠受人喜愛的書籍，這本書肯定沒有機會問世。她不僅陪伴著我們一路走來，也一直靜靜守護著我們三人，真的非常感謝她。

除此之外，我也要謝謝為這本數學書設計出可愛裝幀的貝塚智子小姐。如大家所見，貝塚小姐設計的版面十分簡潔，也藏著能夠在閱讀時帶來喜悦感的巧思。貝塚小姐不僅協助書籍的裝幀工作，也和我們一起解題，參與整本書的構思過程。

歸功於大家的努力，我們才能推出這本讓許多讀者感到平易近人的作品，我由衷感謝他們。貝塚小姐是慶應義塾大學佐藤研究室最初的研究生，我能夠在佐藤研究室最初及最後的研究生陪伴下完成此書，實在是非常幸福。

希望這本書可以帶領許多人認識數學真正的樂趣，並且因為本書度過一段充實又快樂的時光。身為本書的作者，這將是我的無上喜悦。

當紙杯與數學產生連結　　　　廣瀨隼也

我手上原本要用於本書的候補題目堆積如山。我們一致認同是好題目的這些數學題，既沒有照片也沒有示意圖，只有單純的文字敘述。

參與孕生本書的研究會時，我們每次都要提出新的問題。其實出題比解題難上數倍，因為需要考量許多條件，例如題目中包含哪些數學上的邏輯、作為一道題目是否有疏漏、題目本身是否吸引人等等。當我們快要定案本書的題目時，我又回顧了一遍前面提到的那些候補題，反思我們之所以認為這些題目很有趣的理由。

每當這個時候，我的腦海中必定會浮現的原因，就是「以生活化的方式陳述問題，才能讓數學更平易近人而有趣」。當我們了解問題並試圖去解答的時候，那些浮現在腦中的紙杯、地上的方框、人行道地磚等等物件，突然變成解題者與數學之間的橋樑，活靈活現了起來。藉由這些實際存在的物品，把數學概念化為具體的想像，對我來說，這個過程既好玩又令人陶醉。

我們幾人在訂定本書目標，設計一道又一道的題目之前，早已在東京築地舉行過許多次的數學研究會。我們不是從一開始就在學習設計問題，而是當有人發現好玩的數學題，大家就一起埋頭投入解題的世界。每次我都會在嘗試與失敗中感受到逐漸接近解答的喜悅，並且因為新的想法而拓展視野，為此充滿快樂。

現在，我們試著將那段沉醉於數學的時光，藉由現實中的紙杯、人行道的地磚等等物品，以書籍這個媒介呈現「讓人忍不住想解的數學題」。若是各位讀者也能從這本書籍中，體驗到令我們深深著迷的感受，我會非常開心。

如何設計問題
——「流暢思考」的體驗設計　　大島遼

我們在十二年前成立研究會時，從來沒想過會有機會出版這本書。

在這本《忍不住想解的數學題》裡，為了讓讀者看一眼就能理解題目想表達的意思，並且解開問題，我們不斷摸索如何設計題目以及文字講解的方式。

我們挑選問題的標準，是基於題目本身有無明確的數學概念，以及該題目能否引領讀者感受到趣味性，並在篩選出問題後反覆重新設計。

這些經過重新設計的題目，力求幫助讀者一看到跨頁上的圖片資訊，便能輕易在腦中建立畫面，順利解開抽象化的問題。為此，照片中的物品都是擁有具體形象、平時常見的東西，例如磅秤、螺帽、紙杯、骰子等等，讓每個人都能在腦內模擬操作。基於相同考量，我們也盡可能在拍攝時避免因構圖及光線，造成照片過度失真。不僅如此，書中所有的圖片及文章，也都是先經過排版才定案，而非一開始就確定好。我們以問題概念及理解性為優先考量，然後再將全部的圖片、文章、排版調整到最剛好的閱讀順序及閱讀節奏。

本書的每一道問題都加入了數學小工具。

就像我們會使用跳板讓自己越過更多層的跳箱，若懂得運用數學工具，乍見毫無線索的問題也瞬間迎刃而解。那種逐步高漲的喜悅感，正是我們數學研究會熱衷於解題的原因，希望各位讀者也能體會到這種感受。與其說「腦袋好的人」才能夠解開題目，倒不如說是「懂得思考的人」來得更貼切。「思考」是一種能夠學習的運動，是可以鍛鍊的。請各位讀者在閱讀講解之前，先拿出紙和筆，並為自己保留專心解題的時間。請把每一題的解說視為眾多解法的其中一種，試著提出不同的解法。我敢保證，大家一定能在解題中感受到難以言喻的樂趣。

我希望讀者們都能從本書的題目中體驗到「流暢思考」的過程，並體會到數學是多麼有趣的事！

参考文獻

『作って試して納得数学（第１集）』
秋山仁（監修）　数研出版　1999 年

『ロジカルな思考を育てる数学問題集 （上・下）』
セルゲイ・ドリチェンコ／坂井公（翻譯）　岩波書店　2014 年

『やわらかな思考を育てる数学問題集 （全３集）』
ドミトリ・フォミーン等人／志賀 浩二、田中 紀子（翻譯）
佐藤雅彦（解說）　岩波現代文庫　2012 年

『ピジョンの誘惑』
根上生也　日本評論社　2015 年

『頭がよくなる　算数マジック＆パズル』
庄司タカヒト／はやふみ（監修）　中公新書ラクレ　2013 年

『とっておきの数学パズル』
ピーター ウィンクラー／坂井 公等人（翻譯）　日本評論社　2011 年

『続 マーチン・ガードナー・マジックの全て』
マーチン ガードナー／寿里 竜（翻譯）

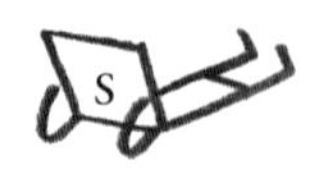

日本工作人員

裝幀・內頁設計／貝塚智子【EUPHRATES】

攝　　影／大島遼
貝塚智子（請問總共有幾個螺帽？／大中小的巧克力）
佐藤雅彥（碼頭的繫船柱／松屋銀座百貨食品區／浴室的磁磚）

美　　術／大島遼（繫船柱模型／十字路口／河內塔）
古別府泰子（大中小的巧克力／6個框框）
貝塚智子（大中小的巧克力）

插　　畫／佐藤雅彥＋貝塚智子

示　　範／貝塚智子（封面／請問總共有幾個螺帽？／大中小的巧克力／7顆黑白棋／硬幣遊戲）
大橋耕、Balding Lila、林なずな、加藤壽太郎、仲京子、竹中晄太、山本朗生（6個孩子與6個框）
山本晃士ロバート（5個紙杯）
佐藤雅彥（4種繪圖工具）

協　　力／高橋ヒロキ、石澤太祥（7顆黑白棋／轉動骰子）

攝影協力／公益財團法人　早稻田奉仕園（6個孩子與6個框）

圖片出處／すしぱく／ぱくたそ（www.pakutaso.com）（黑板上的0與1）
日本經濟新聞社電子版2018年1月22日（東京的人口與髮量）
「鳩巢原理是什麼」（東京的人口與髮數）由貝塚智子修改BenFrantzDale, Igor523的”Pigeons-in-holes.jpg”(https://commons.wikimedia.org/wiki/File:Pigeons-in-holes.jpg)而成。這個圖像會在creative commons表示 - 承 3.0 非移植 (CC BY-SA 3.0)中提供。
國土地理院官網(https://www.gsi.go.jp/)（橫濱中華街）
Image Source/gettyimages（約翰與瑪莉的身高）

台灣廣廈國際出版集團
Taiwan Mansion International Group

國家圖書館出版品預行編目（CIP）資料

忍不住想解的數學題：熱銷突破13萬本！慶應大學佐藤雅彥研究室的「數學素養題」，快速貫穿邏輯概念與應用，提升解題的跳躍思考力！／佐藤雅彥、大島遼、廣瀨隼也著；鍾雅茜譯. -- 初版. -- 新北市：美藝學苑，2023.11
面；　公分
ISBN 978-986-6220-63-0（平裝）
1.CST: 數學

310　　112013359

忍不住想解的數學題

熱銷突破13萬本！慶應大學佐藤雅彥研究室的「數學素養題」，快速貫穿邏輯概念與應用，提升解題的跳躍思考力！

作　　者／佐藤雅彥、大島遼、廣瀨隼也
譯　　者／鍾雅茜
編輯中心編輯長／張秀環・**編輯**／蔡沐晨
封面設計／何偉凱・**內頁排版**／菩薩蠻數位文化有限公司
製版・印刷・裝訂／東豪・弼聖・明和

行企研發中心總監／陳冠蒨
媒體公關組／陳柔彣
綜合業務組／何欣穎
線上學習中心總監／陳冠蒨
數位營運組／顏佑婷
企製開發組／江季珊、張哲剛

發 行 人／江媛珍
法律顧問／第一國際法律事務所 余淑杏律師・北辰著作權事務所 蕭雄淋律師
出　　版／美藝學苑
發　　行／台灣廣廈有聲圖書有限公司
地址：新北市235中和區中山路二段359巷7號2樓
電話：（886）2-2225-5777・傳真：（886）2-2225-8052

代理印務・全球總經銷／知遠文化事業有限公司
地址：新北市222深坑區北深路三段155巷25號5樓
電話：（886）2-2664-8800・傳真：（886）2-2664-8801
郵政劃撥／劃撥帳號：18836722
劃撥戶名：知遠文化事業有限公司（※單次購書金額未達1000元，請另付70元郵資。）

■出版日期：2023年11月
ISBN：978-986-6220-63-0